机工IT

数据中心经营之道

唐汝林 朱 敏 陈 琪 盛 立
胡维佳 朱东照 刘鑫鑫 张梦霞 著
赵 欣 叶向阳 高 景

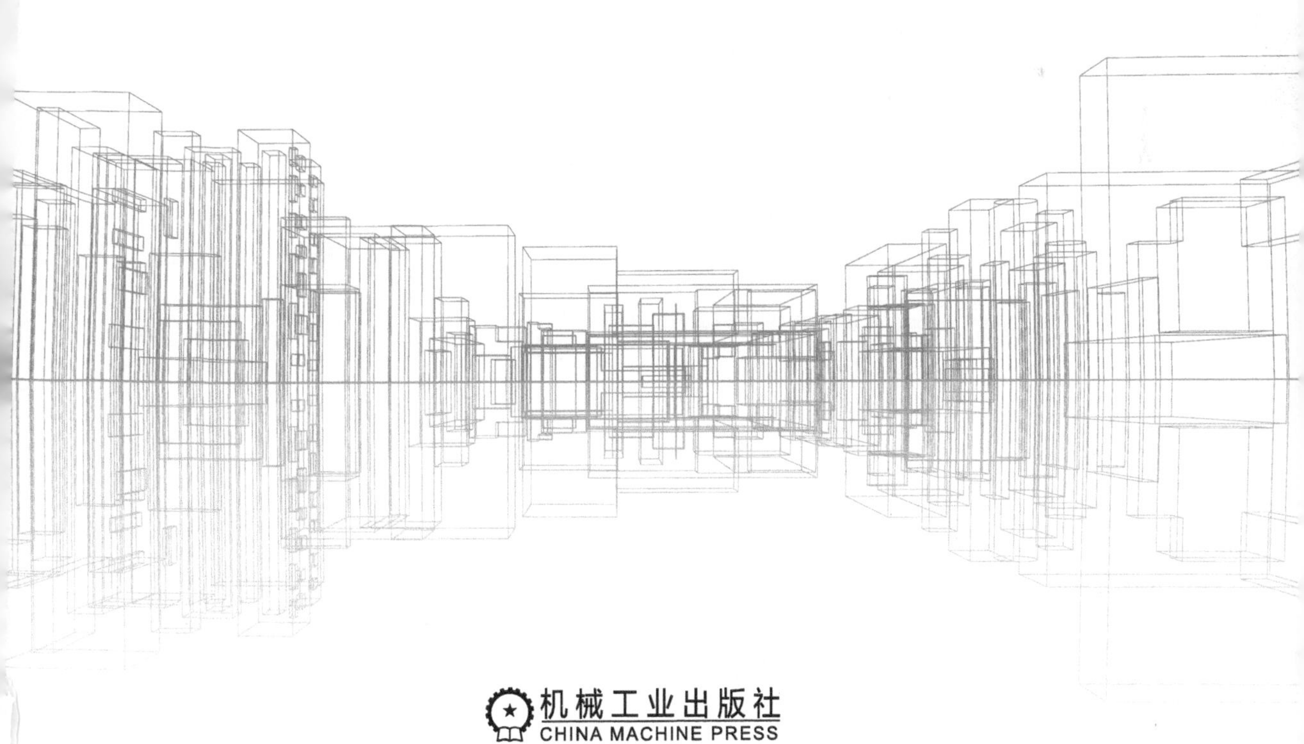

机械工业出版社
CHINA MACHINE PRESS

本书围绕数据中心业务如何经营这一主题展开论述，以数据中心产业演变为切入点，围绕“布局-建设-服务”三大核心环节，针对数据中心产业面临的集群化布局、低碳化建设、智能化服务的机遇与挑战，通过变革中的数据中心产业、数据中心产业面临的挑战、数据中心布局之道、数据中心低碳建设之道、数据中心智能服务之道、数据中心产业政策实施之道、新形态数据中心经营之道等内容剖析原因、洞察规律、研讨案例、搭建模型，为相关经营主体给出了专业务实的策略。

本书实用性强，内涵丰富，采用情景对话方式编写，可读性强，具备较高参考价值。

本书可供通信运营商、第三方专业服务商、跨界服务商等各类数据中心运营主体的从业人员阅读，也可供主管数据中心建设与运营的政府部门的工作人员阅读。

图书在版编目（CIP）数据

数据中心经营之道 / 唐汝林等著．—北京：机械工业出版社，2024.3（2024.10 重印）

（数字经济创新驱动与技术赋能丛书）

ISBN 978-7-111-75035-2

Ⅰ．①数…　Ⅱ．①唐…　Ⅲ．①数据管理-研究　Ⅳ．①TP274

中国国家版本馆 CIP 数据核字（2024）第 040944 号

机械工业出版社（北京市百万庄大街 22 号　邮政编码 100037）

策划编辑：王　斌　　　责任编辑：王　斌　解　芳

责任校对：王小童　李　杉　　　责任印制：张　博

北京建宏印刷有限公司印刷

2024 年 10 月第 1 版第 2 次印刷

184mm×240mm・12.25 印张・229 千字

标准书号：ISBN 978-7-111-75035-2

定价：79.00 元

电话服务	网络服务
客服电话：010-88361066	机　工　官　网：www.cmpbook.com
010-88379833	机　工　官　博：weibo.com/cmp1952
010-68326294	金　　书　　网：www.golden-book.com
封底无防伪标均为盗版	机工教育服务网：www.cmpedu.com

前　言

下一个十年，世界会是怎样？

回望过去十年，尽显沧海桑田。下一个十年，一定仍是大变局时代，但无论怎么变，数字化浪潮注定奔涌向前。

数字经济时代，数据成为核心生产要素，算力是核心生产力。作为物理和数字载体的数据中心是不变的坚实底座，是不变的经济“高速路”，支撑着数据不断流淌。

20年前，真正的互联网数据中心开始诞生，20年后，全球数字基建方兴未艾。我国的数据中心产业在追赶着发展，在经历了20年的成长之后，整个产业进入了相对成熟期，竞争日趋红海化，生存日益艰难。另一方面，“东数西算”打开了新的战略窗口，双碳战略赋予了新的要求，生成式AI技术变革激发了新的活力。未来十年，数据中心注定要站在大环境与局部小环境交融、机遇与挑战并存、市场与政策互动的十字路口。

如果你是经营者，你会怎么做？本书将帮助你找到答案。

本书共有七章内容：包括变革中的数据中心产业、数据中心产业面临的挑战、数据中心布局之道、数据中心低碳建设之道、数据中心智能服务之道、数据中心产业政策实施之道和新形态数据中心经营之道。本书首先清晰界定了经营条件，从历史演进中洞察规律、从政策走向中预判趋势、从数据和实践中定位新阶段，据此得出数据中心产业将进入新时代。接着精准聚焦了关键问题，从重点客群中获取需求痛点，从监管新政中直击建设挑战，从服务升级中把握智能刚需，提炼出布局集群化、建设低碳化、服务智能化三大发展难点。最后全面提出了解决方案，既包括数据驱动为核的科学布局之道、因地制宜的低碳建设之道和点面结合的智能服务之道，也包括围绕政府诉求、能力、定位的政策实施之道。同时还针对边缘数据中心和海外数据中心等新形态数据中心给出了经营建议。

笔者相信，本书是一本专业的业务经营指南和务实的产业施政参考书，是每一位数字经济领域活跃人士的必备手边书。全书采用对话式的情景设计，也将进一步拉近本书与读者的距离，让知识显得更有趣，让本书更具可读性。

本书可以说是华信咨询设计研究院（中国通服数字基建产业研究院）数据中心专家团队的智慧传承与结晶，更彰显了作为该领域综合性龙头服务商的 20 年理论迭代与实践沉淀。本书主要由唐汝林负责编写，其他参与编写的人员还包括朱敏、陈琪、盛立、胡维佳、朱东照、刘鑫鑫、张梦霞、赵欣、叶向阳、高景。回顾近一年我们在高强度工作之余的奋笔疾书，回顾这一路的多次修正和升华，感触颇深，铭记一起奋斗的岁月，也感谢我的妻子赵倩文在家庭方面给予的无私支持和付出。

考虑到水平有限，若书中存在一些错漏，还望各位读者朋友批评指正。

唐汝林

目　　录

导读

为了提升读者的阅读体验，笔者特意采用研讨会交流对话的方式编写。

2022 年 12 月，某著名数字化转型咨询机构面向主流的数据中心服务商和部分省市政府单位组织召开了一次专门的数据中心经营研讨会。会上各方专家发言极为踊跃，各抒己见，畅所欲言，进行了充分的思想交流和经验分享，这次研讨会相当成功，内涵丰富，成果非常丰硕。

这次研讨会至今让人印象深刻，会议涵盖了国内 20 年数据中心产业历史回顾、近几年几大产业经营问题的解答和未来 10 年走向的一些研判。

会上比较活跃的专家有这么几位。

1. 某著名咨询机构高管 A（简称为咨询 A）。
2. 某老牌通信运营商集团高管 B（简称为通信 B）。
3. 某领先专业第三方服务商高管 C（简称为三方 C）。
4. 某跨界服务商高管 D（简称为跨界 D）。
5. 某省主管单位领导 E（简称为政府 E）。

以上几位在数据中心行业扎根多年，经验非常丰富，在会上不断抛出精彩观点和直达问题本质的疑问，咨询 A 更是控盘全场，旁征博引，在他的主持下，研讨会始终气氛活跃。

首先，主持人咨询 A 提出了本场研讨主题："数据中心经营之道——东数西算的未来 10 年"。之后，咨询 A 从全球和国内双重视角就这一主题展开了论述。

第 1 章
变革中的数据中心产业

从 20 年演进史看清数据中心的变革之路，新时期数据中心产业进入新阶段，面临新形势。

1.1　全球数据中心 20 年市场演进

近 20 年是全球及国内数据中心产业蓬勃发展期，其呈现“四中心三拐点”特征。全球数据中心形态从计算中心、信息中心、云中心加快向算力中心演变，以融合新技术推动数据中心整合、升级、云化为主要特征，主要由发达国家引领，在全球各大核心城市集群化发展，并不断向外辐射。全球数据中心产业规模在 2022 年达到 1308 亿美元，总体逐步进入成熟期。产业整体发展周期呈现出“四中心三拐点”特征，在前两次拐点之后正在迎来第三次上升拐点，如图 1-1 所示。

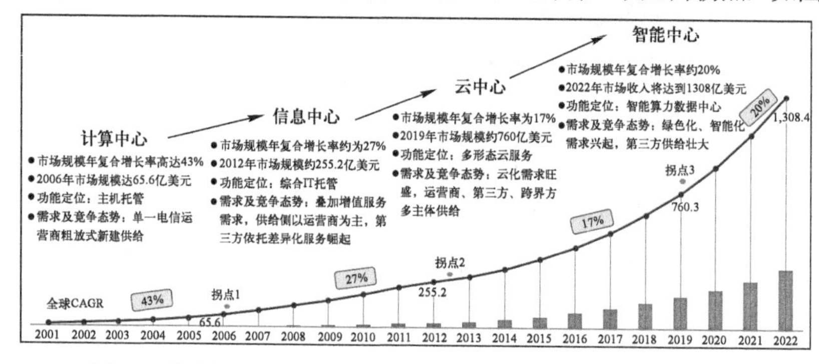

图 1-1　全球数据中心市场 20 年增长——“四中心三拐点”（亿美元）

数据来源：IDC、Synergy Research、Technavio、Structure Research、工信部研究院、中国通服数字基建产业研究院。

国内数据中心产业较全球起步较晚[⊖]，但重大发展阶段特点与全球数据中心发展基本一致。目前，我国数据中心产业处于云中心深化阶段，落后美国 3～5 年，处于增长期。未来 10 年我国 IDC 产业仍有上升的价值空间，预计“十四五”内复合增速保持 25%左右。在这 20 年中，国内数据中心产业整体发展走势从高速成长期进入平稳发展期，经历了两次降速拐点，2021 年开始在数字经济深化发展、“东数西算”等多要素推动下迎来科技潮涌期，呈现短周期性提速拐点；进入 2023 年，伴随着投资泡沫下的低价竞争、“东数西算”建设中对 PUE、上架率等指标约束趋严以及 AI 新业态利好因素（当前整体业态还处于初始期）交叉作用下，未来短期内可能呈现增速趋缓的态势，但预计“十四五”末期会重新迎来新一轮上扬。目前数据中心产业用户需求特征从零散化、粗放式需求向集中云化、绿色化、智能化需求演化；数据中心产业供给从运营商单一主体转向运营商、第三方 IDC 服务商、跨界方等多主体供给格局。国内数据中心产业具体细分为以下四个阶段，如图 1-2 所示。

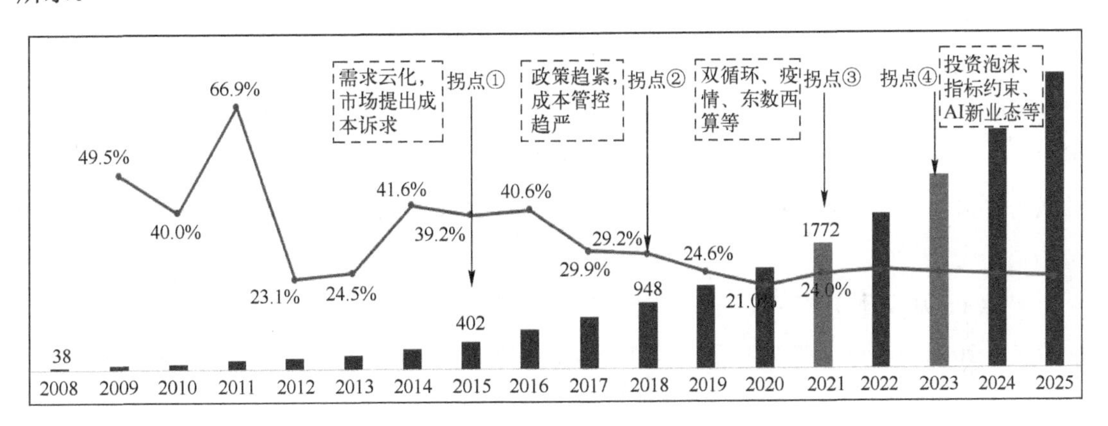

图 1-2　2008—2025 年国内数据中心产业规模发展情况

数据来源：中国通服数字基建产业研究院、IDC 圈历年报告等。

1.1.1　数据中心 1.0 阶段：计算中心

全球数据中心产业起步较早，前期多由政府和企业自建自用，后续数据中心服务多由基础电信运营商提供，服务内容主要包括场地、电力、网络带宽、通信设备等基础资源和设施托管、维护服务，主要业务类型为主机托管。以美国为例，在 20 世纪 90 年代初期，数据中心的数量较少，其建设和投产均以政府和科研应用为主，商业化使用情况较少。

⊖ 中国通服数字基建产业研究院经综合测算认为至少差距 3～5 年。

2001—2006年全球数据中心产业市场规模年复合增长率达到43%，2006年市场规模达65.6亿美元。期间，互联网的高速发展带动了网站数量的激增，各种互联网设备如服务器、主机、出口带宽等资源的集中放置和维护需求高涨，主机托管、网站托管等业务类型涌现。这个阶段数据中心得到广泛认可，主要面向大型企业的零散化基础资源需求，粗放式提供主机托管、数据存储管理、安全管理、网络互联、出口带宽等纯资源托管服务，市场由电信运营商主导。

转向国内视角，20世纪90年代，国内互联网公司兴起，PC端对网络的要求不断增加，数据中心开始逐渐成为网络流量的载体，网络连接和主机托管需求逐步旺盛，数据中心数量和个体规模均出现较大增长。三大运营商是机房、网络和主机的主要提供商和托管商，服务形态以零散服务器为主。

计算中心服务商典型代表

- **国际**

Exodus: 美国一家专门从事机房设施建设和带宽服务的运营商，最早提出IDC的概念，对外提供机柜租赁服务。在20世纪90年代，Exodus成为世界上最大的数据中心服务提供商之一，其数据中心遍布全球。进入21世纪后，由Savvis收购其在美国和欧洲的资产，后成为首家在美国和欧洲获得ISO9001和27001认证的公司，证明了其数据中心和网络安全的高水平。

AT&T: 成立于1983年，是一家全球网络和通信服务提供商，同时提供数据中心和托管服务。2006年，AT&T宣布了一项10亿美元的投资计划，用于扩展其数据中心和网络服务业务。2018年，AT&T开始剥离数据中心业务，宣布将其数据中心业务出售给Brookfield Infrastructure和其他合作伙伴，以削减债务和集中精力发展其核心业务。

- **国内**

中国电信: 21世纪初，中国电信开始进军数据中心业务，2010年，中国电信在全国范围内共投产了50个数据中心，并持续推进数据中心建设，对外主要提供主机托管、带宽接入、服务器租赁等IDC基础服务。

中国联通: 2009年，中国联通推出了IDC服务，并在全国范围内建设了多个数据中心。依托运营商网络优势，与IBM、华为等企业合作推进数据中心业务发展。

中国移动: 相较于另外两家运营商，中国移动IDC业务起步相对较晚，业务开展初期以转售为主，后续逐步加大资源自建。

1.1.2　数据中心 2.0 阶段：信息中心

2006—2012 年全球数据中心产业进入信息中心阶段，其市场规模增速放缓，年复合增长率约为 27%，2012 年市场规模约 255.2 亿美元。美国在 2010 年发布了《数据中心整合计划》，要求减少对昂贵和低效的老旧数据中心的整体依赖，推进数据中心向集约化和高效化方向发展。因此本阶段数据中心概念被扩展，大型化、虚拟化、综合化数据中心服务是主要特征，尤其是云计算技术引入后，数据中心突破了原有的机柜出租、线路带宽共享、主机托管维护、应用托管等服务限制，更注重数据存储和计算能力的虚拟化、设备维护管理的综合化、规模化运营。

2000 年以后，我国的企业自建数据中心（EDC）、互联网数据中心（IDC）开始逐渐出现，在此阶段，我国的互联网行业迎来了大发展时代，2010 年我国 IDC 市场规模达到 79.7 亿元。客户需求向信息化演进，机构对数据中心的可用性和服务性的要求更高，IT 服务质量成为关注的重点。三大运营商仍是数据中心的主要建设方，部分第三方 IDC 企业开始进入，服务形态以零散中小型机房为主。

信息中心服务商典型代表

- **国际**

Equinix: 全球领先的零售型数据中心服务提供商，凭借第三方服务商中立优势，以“自建+外延”的方式迅速扩充 IDC 资源，在全球五大洲拥有 200 多个数据中心，服务超过 9800 家企业客户。全球领先的数据中心增值服务矩阵是 Equinix 的一大特色，其相关增值产品合计收入占比 23%，成为业务重要增长极。通过打造数据中心互联（DCI）、多云互联、多线接入等核心产品，实现了全球互联互通生态的打造和全球资源的有效联动，显著提升客户黏性，助力其全球化扩张。

Digital Realty: 全球领先的批发型数据中心服务商，专注于为企业客户提供高效、安全、可靠的数据中心解决方案。依托全球化的资源布局，通过成熟的全球供应链实现极致降本、以定制化服务紧抓大客户，成为全球批发型 IDC 服务商标杆。

- **国内**

三大运营商（中国电信、中国联通、中国移动）: 运营商 IDC 业务类型仍以基础类业务为主，同时依托网络优势，开始打造网络安全类等增值产品，如电信云堤，是该阶段的典型代表。

万国数据：从重点面向金融的灾备和 IT 管理服务起家，在金融数据中心领域积累了丰富的IT服务运营经验，是业内著名的高品质金融数据中心服务商。后续通过持续在全国核心经济区域大规模布局数据中心，依托中立互联和服务优势，成为当下国内稀缺的跨区域平台型数据中心服务商。

1.1.3 数据中心 3.0 阶段：云中心

2012 年后全球数据中心产业进入云中心阶段，2012—2019 年全球数据中心产业市场规模的年复合增长率为 17%，2019 年市场规模约 760.3 亿美元。2015 年美国政府开始推行《国家战略计算计划》（NSCI）和《国家战略性计算计划（更新版）：引领未来计算》（2019），逐步形成和完善指导云计算发展的战略部署。同时，2016 年美国公共与预算管理办公室（OMB）公布“数据中心优化倡议（DCOI）”，要求美国政府机构实现数据中心电能、PUE 目标、虚拟化、服务器利用率以及设备利用率等指标监控和度量。2017 年新加坡政府鼓励本地和外资企业进入本地信息化基础设施的建设，本地云数据中心容量快速增长。在成熟的云计算技术驱动下，该阶段数据中心业务主要用于承载云商的集中云化需求，并向多形态云服务演变，市场供给侧呈现运营商、第三方、跨界方多主体竞争格局。

2010 年开始，中国传统服务器托管、机架租赁等 IDC 服务需求部分开始被云计算取代，短期对数据中心市场造成一定冲击，从长期来看，对大规模数据中心承载提出更大需求，IDC 市场持续高速增长。2010—2020 年我国 IDC 产业复合增长率为 36.16%，2020 年市场总规模达 1429.2 亿元，同比增长 32.9%。大量客户开始接受云计算，集群化建设、虚拟化和云计算需求旺盛。市场供给侧呈现运营商、第三方、跨界方多主体竞争格局，服务形态转变为相对集中的大型云数据中心。

云中心阶段服务商典型代表

- **国际**

Equinix：面向全球客户提供三层服务组合。第一层为数据中心服务，根据客户需求提供定制化服务；第二层为互联服务，打造数据中心之间、客户与客户之间的互联平台；第三层为数字化服务，在全球为助力客户数字化转型提供了非常丰富的服务产品，如各类云服务，含私有云、公有云、混合云等。

Digital Realty：为全球客户提供高性能混合云与私有云解决方案。一方面，通过全球资源覆盖，就近配置云计算资源，使客户从低延迟互联中获益；另一方面，打造 ServiceFabric™

Connect 多云互联产品，为领先云服务供应商提供专用连接，使客户通过单一界面管理其与多个云、网络和合作伙伴的连接。

- **国内**

三大运营商（中国电信、中国联通、中国移动）：一方面，运营商通过“自建+合作”的方式在全国范围内形成规模化、集约化资源布局，顺应云计算发展趋势，提供高功率机柜资源，积极承载云相关业务；另一方面，运营商依托全国云资源池，先后正式推出云计算服务，其中天翼云现已成为全球运营商云第一、中国政务云第一、中国公有云第三。

光环新网：国内专业的数据中心及云计算服务提供商。主营业务包括互联网数据中心服务，含数据中心服务、增值服务、数据中心规划及建设管理服务、运营管理服务等，面向大型云商和互联网客户提供 IDC 解决方案，同时，光环新网与亚马逊 AWS 于 2016 年达成合作，向中国客户提供 AWS 云服务。

万国数据：凭借在金融数据中心多年积累的经验，将业务迅速拓展到互联网、云计算行业。国内几乎所有云服务提供商（阿里云、腾讯云、华为云、百度云等）、多数大型互联网公司都与其有业务合作。同时，万国推出 IDC 互联平台，由 60+个数据中心组成，覆盖所有一线市场，资源储备丰富，满足客户容量灵活扩展的需求。

1.1.4　数据中心 4.0 阶段：算力中心

2019 年后全球数据中心产业开始步入算力中心阶段，云计算、大数据、AI、物联网等新数字技术的加速发展，显著促进了数据的云存储及智能算力需求的增长，促使数据中心增速迎来逆势上扬，2019—2022 年复合增长率约 20%。2021 年 1 月新加坡政府出台新的数据中心标准并颁布绿色技术数据中心的路线图，要求存量算力设施陆续开始应用新的节能减排技术。该阶段数据中心产业用户需求开始转向绿色化、智能化的算力解决方案，依托敏捷运营和精细管理，主打“绿色数据中心+智算云”一体化解决方案的第三方 IDC 服务商快速发展。

同样，2020 年以后，中国数字经济的深化发展也促进算力需求持续增长。2022 年 ChatGPT 开启 AIGC 这一全新业态，推动 AI 发展进入以多模态和大模型为特色的 AI 2.0 时代，推动数据中心从传统的孤岛式的计算和存储基础设施，逐渐向以智算、超算中心为代表的算力中心演变，极致高功率、高载荷、制冷模式变革成为新时代数据中心的关键词。2021 年，我国数据中心市场规模达到近 1800 亿元，同比增长 24.0%；2022 年市场规模超 2200 亿元，仍然保持较高增速。需求向“云计算大型、超大型 IDC+智能计算本地化中型数据中心+边缘计算小微型 IDC”三级转变，规模化智算与行业智算并行的需求特征开始显现。三大运营商占据大量市场份额的同时，专业第三方凭借服务优势快速崛起，基本占据“半壁江山”，同时，以钢铁能源为代表的传统央国企也开始跨界经营数据中心产业。

算力中心服务商典型服务商

- **国际**

微软 Azure+OpenAI：2022 年底到 2023 年初，OpenAI 发布的 ChatGPT 掀起了全球通用大模型的研发高潮，微软 Azure 与 OpenAI 达成全面合作，通过 Azure 智能云平台推动 OpenAI 模型在各个行业场景的落地。据 OpenAI 研究表明，2012—2018 年期间大模型 AI 训练的算力消耗已增长 30 万倍，平均每 3 个多月便翻倍，速度远远超过摩尔定律。因此，为更好地服务全球用户，OpenAI 在亚洲、欧洲、美洲等多地设立大型数据中心，从而提供充足的算力资源和满足低延迟、高速率的数据传输。

- **国内**

三大运营商（中国电信、中国联通、中国移动）：在“东数西算”背景下，运营商进行算力网络建设，优化全国资源布局，同时探索“东数西算”典型场景与应用，推进算力服务落地。2023 年 5 月，中国电信在业内率先发布算力套餐，涵盖“基础算力 + 算力连接 + 算法模型 + 算力安全”一体化方案，为客户提供全栈式算力服务，实现算力触手可及。

传统行业企业转型（如沙钢、杭钢、宝钢等典型代表）：以钢企为例，IDC 行业所需的能耗指标和占地规模与钢铁行业有着共通点，从项目用地、能源供应、资金实力到政策和客户等方面，大型钢企均有着可观的资源优势。因此，传统行业企业通过业务转型，作为跨界服务商在 IDC 市场竞争中也占据一席之地。

除此之外，当前市场呈现的变革趋势为数据中心 4.0 阶段的延伸发展描绘出几条路径。首先，互联网平台经济转型和传统行业数字化变革。一方面，互联网行业迈入转型期，头部厂商扩张速度放缓，投资收紧，压降对数据中心资源的采购；另一方面，在头部厂商受制于反垄断监管情况下，腰部客户和新兴客户获得喘息空间，数据中心增量需求开始从头部逐渐转向腰部；同时，传统行业数字化变革催生上云及机柜租用需求，与互联网行业关注资源不同，传统行业更关注一体化的解决方案，因此数据中心服务能力的重要性凸显。其次，AI 产业变革。诸多大模型的先后发布持续引爆 AI 应用热潮，为支撑 AI 大模型、巨型模型的计算需建立以 AI 芯片为主的高效率、低成本、大规模的智能算力基础设施；同时，为了提供相匹配的算力能力，亟须构建智能算力网络。最后，边缘计算变革。在 5G 云化时代，元宇宙应运而生，元宇宙对网络传输提出了更大带宽、更低时延、更广覆盖以及更高数据容纳量等要求，而近用户侧的边缘数据中心能更好提供实时算力支持，边缘计算将迎来爆发式增长。

“上述的 4 个阶段是全球的趋势，也是国内正在走的路”，通信 B 有感而发。

他接着补充道：“数据中心产业有着强政策属性，产业建设发展走势与政策紧密相关。近年来国内数据中心主要政策对数据中心产业发展的布局集约化、建设低碳化、服务算力化明确提出了新要求。”

他细致论述了国内“东数西算”政策对数据中心建设布局的影响。

1.2　国内数据中心政策变化

1.2.1　“东数西算”政策统筹引导数据中心布局集约化

我国数据中心基础设施建设初期，由于需求不足、网络连接不畅、技术水平不高等原因，呈现出建设规模小、效率低、布局散乱等问题；与发达国家相比，大型以上数据中心占比较低，难以形成规模效应。随着互联网巨头崛起及各行业数字化转型升级进度的加快，各行各业的数据量呈爆发式增长，数据资源存储、计算、应用的需求都在大幅提升，对数据中心规模化、集中化发展的要求日益迫切。而美国等发达国家早已推进数据中心集约化建设。自 2010 年起，十年间美国政府相继发布美国联邦数据中心整合计划（FDCCI）、联邦政府信息技术采购改革法案（FITARA）、数据中心优化倡议（DCOI）等政策措施，促使各州共同推动数据中心大型化、一体化、绿色化建设，仅政府侧数据中心数量就减少 7000 个，减少约 50%，部分服务器利用率从 5%提升到 65%以上。当前，美国超大型数据中心数量已占全球总量的 40%，近一半大型数据中心 PUE 从平均 2.0 以上优化至 1.5 甚至 1.4 以下。

数据中心规模化、集约化建设，一方面可以提高土地、能耗等资源利用率，降低企业建设成本；另一方面，可以更好地发挥数据中心产业集聚效应，赋能当地产业转型、促进经济增长及社会效益提升。因此，国内从顶层政策入手，力争以全国统筹下的集群化建设新模式加快追赶美国等领先国家。如表 1-1 所示，2020 年，我国将数据中心作为新型基础设施列入国家未来重要发展领域，随后《全国一体化大数据中心协同创新体系算力枢纽实施方案》等一系列政策的颁布，引导在全国重点区域建设大数据中心国家枢纽节点，推动打造国家级枢纽节点“4+4”集群（包括京津冀、长三角、粤港澳大湾区、成渝四大东部区域集群和内蒙古、贵州、甘肃、宁夏四大西部集群）。未来，在现有八大国家级枢纽节点建设完成并充分利用基础上（数据中心平均上架率不低于 65%），视经济和产业发展需求，预计会在我国中部、东北等区域推进第二批国家级数据中心集群建设。全国数据中心布局将更加合理集约，资源利用更加高效。

表 1-1 “东数西算”政策统筹引导数据中心布局集约化

时间	发布部门	政策	重点内容
2020 年	国家发改委等四部门	《关于加快构建全国一体化大数据中心协同创新体系的指导意见》	引导在京津冀、长三角、粤港澳大湾区、成渝等重点区域布局大数据中心国家枢纽节点。到 2025 年，全国范围内数据中心形成布局合理、绿色集约的基础设施一体化格局
2021 年	工信部	《数据中心高质量发展行动计划（2021—2023 年）》（征求意见稿）	到 2023 年底，国家级枢纽节点规模占比超过 70%
2021 年	国家发改委	《中华人民共和国国民经济和社会发展第十四个五年规划和 2035 年远景目标纲要》	加快构建全国一体化大数据中心体系，强化算力统筹智能调度，建设若干国家枢纽节点和大数据中心集群
2021 年	国家发改委等四部门	《全国一体化大数据中心协同创新体系算力枢纽实施方案》	国家级枢纽节点“4+4”集群建设，围绕集群打造互联互通算力高地
2021 年	国家发改委等四部门	《关于同意宁夏回族自治区启动建设全国一体化算力网络国家枢纽节点的复函》等 4 文件	同意批复宁夏、贵州、内蒙古、甘肃西部四个节点启动建设
2022 年	国家发改委等四部门	《关于同意长三角地区启动建设全国一体化算力网络国家枢纽节点的复函》等 4 文件	同意批复粤港澳、长三角、京津冀、成渝东部四个节点启动建设

数据来源：政府官网、中国通服数字基建产业研究院。

“我完全同意你的观点，而且‘东数西算’一定是一个长期工程，一段时间后，或许 1～2 年后，我认为可能会启动进入 2.0 阶段，在现有大的框架下出台一些新政策，不断迭代深化”，咨询 A 点头道，“有意思的是，未来几年，数据中心绿色化进程可能比集约化还要迅猛。”他补充说。“双碳政策是一个重要输入变量，我来聊一聊这块的感受。”三方 C 一时起了兴致。

1.2.2 双碳政策将数据中心节能减碳提升至国家议题高度

“十四五”以来，从国家到重点省市节能减排政策频出，数据中心成为重要议题，建设低碳、绿色数据中心可谓势在必行。追溯政策演进路线，可以发现，早在 2018 年，数据中心能耗便开始受到热点区域政府重视，北上广深等地纷纷出台相关限建政策；2020 年习近平主席提出双碳战略目标。之后，国家发改委等五部门发布《关于严格能效约束推动重点领域节能降碳的若干意见》，这是首次在国家层面将数据中心与传统八大“两高”行业并列纳入重点推进节能降碳领域，这主要源于数据中心作为未来经济发展的战略资源和数据基础设施，在爆发式增长的同时，高能耗问题也日益凸显，为推动数据中心行业可持续发展，国家对数据中心节能降碳要求进一步升级。在此大背景下，北京、上海和广东等省市率先出台数据中心节能监管相关执行政策，见表 1-2。未来几年，在推广更加先进的电力、制冷等节能技术应用之上，各省将加快推动数据中心嵌入绿色能源系统，借助绿电交易、直供等方式高效优化能源结构呈现更大潜力空间。

表 1-2　双碳战略政策顶层要求数据中心绿色化发展

时间	发布部门	政策	重点内容
2021 年	国家发改委	《完善能源消费强度和总量双控制度方案》	提高电价、限制用电时段等方式促进数据中心减排，推行绿电交易和直供，超额不纳入控制
2021 年	国家发改委等五部门	《关于严格能效约束推动重点领域节能降碳的若干意见》	将数据中心与传统八大“两高”行业并列纳入重点推进节能降碳领域，鼓励重点行业利用绿色数据中心等新型基础设施实现节能降耗
2021 年	北京市发改委	《关于进一步加强数据中心项目节能审查的若干规定》	要求年能源消费量大于或等于 1 万吨标准煤且小于 2 万吨标准煤的项目，PUE 值不应高于 1.25；同时根据数据中心实际运行 PUE 值执行差别电价
2021 年	北京市发改委等十一部门	《北京市进一步强化节能实施方案》	提出了北京市进一步强化节能工作的十条措施：包括加强重点数据中心的电耗监测，对能效水平较低和违规数据中心的整改
2021 年	北京市经信局	《北京市数据中心统筹发展实施方案（2021—2023 年）》	加快存量数据中心改造升级，积极推进绿色数据中心建设，鼓励采用氢能源、液冷等绿色技术
2021 年	广东省能源局	《关于明确广东省数据中心能耗保障相关要求的通知》	推动绿色低碳发展：鼓励各地市借助市场手段和采取行政措施，合理控制和优化数据中心布局；加大节能技术改造力度
2021 年	上海市经信委与上海市发改委	《关于做好 2021 年本市数据中心统筹建设有关事项的通知》	要求上海市存量数据中心 1 年内全部接入至市级能耗监测平台，并探索对数据中心实际使用效率进行监测
2021 年	江苏省工信厅	《江苏省新型数据中心统筹发展实施意见》	鼓励使用绿色能源、可再生能源，积极采用先进节能技术和设备，促进资源循环利用，降低数据中心能耗，推广余热回收利用、高压直流供电、智能无损网络、液冷、AI 服务器等应用
2022 年	内蒙古自治区政府	《内蒙古自治区“十四五”节能规划》	新建数据中心必须达到绿色数据中心建设标准，PUE 值（电能利用效率）不超过 1.3；探索多元化能源供应模式，因地制宜采用自然冷源、直流供电、“光伏+储能”、分布式储能等技术模式，提高非化石能源消费比重

数据来源：政府官网、中国通服数字基建产业研究院。

随着国际能源体系话语权变革，为了掌握国际能源话语权和应对国际碳关税、碳标签等情形，我国将持续推进全面低碳转型的经济社会发展，强化能源结构、产业结构、经济结构包括人民群众的生活方式转型升级。因此，国家未来对数据中心行业节能降碳管控将趋严，并强调应用创新技术、清洁能源、数字化平台等助力数据中心绿色低碳发展。

“数据中心低碳化转型是清晰和明确的，在降低能耗的同时，如何提升单位价值产出也是政府和企业需要关注的，打造新型的算力中心是一大导向。”咨询 A 回应，并接着阐述了他对这一块的政策观察。

1.2.3 新型数据中心政策要求数据中心提升算力服务能力

数据中心服务形态不断升级，跟随全球数据中心市场向算力服务方向演进的步伐，国内数据中心在政策支持及技术驱动下也在向智能化的算力中心演变。近年来，国家相继出台《新型数据中心发展三年行动计划（2021—2023 年）》等一系列围绕算力基础设施建设的政策文件，并提出加快实施“新基建”“东数西算”等工程，驱动传统数据中心加速与网络、云计算融合发展，加快向以“云计算+大数据+人工智能”为核心特征的“算力中心”演变，2023 年 2 月 27 日，中共中央国务院印发《数字中国建设整体布局规划》，明确了数字中国建设按照“2522”的整体规划框架进行布局，其中包括夯实数字基础设施和数据资源体系“两大基础”，提出要“夯实数字基础设施建设”“系统优化算力基础设施布局，引导通用数据中心、超算中心、智能计算中心、边缘数据中心等合理梯次布局”，见表 1-3。加快建设以算力为核心的新一代数据中心，满足数字经济可持续健康发展需要，已成为提升企业、区域乃至国家整体竞争力的重要保障。

表 1-3 新型数据中心政策促进算力服务能力提升

时间	发布部门	政策	重点内容
2020 年	国家发改委等四部门	《关于加快构建全国一体化大数据中心协同创新体系的指导意见》	加快实现数据中心集约化、规模化、绿色化发展，形成“数网”“数纽”“数链”“数脑”“数盾”五大体系。构建一体化算力服务体系
2021 年	工信部	《“十四五”大数据产业发展规划》	加快构建全国一体化大数据中心体系，推进国家工业互联网大数据中心建设，强化算力统筹智能调度，建设若干国家枢纽节点和大数据中心集群
2021 年	工信部	《新型数据中心发展三年行动计划（2021—2023 年）》	构建以新型数据中心为核心的智能算力生态体系，发挥对数字经济的赋能和驱动作用
2021 年	国家发改委	《中华人民共和国国民经济和社会发展第十四个五年规划和 2035 年远景目标纲要》	加快构建全国一体化大数据中心体系，强化算力统筹智能调度，建设若干国家枢纽节点和大数据中心集群

（续）

时间	发布部门	政策	重点内容
2021 年	国家发改委等四部门	《全国一体化大数据中心协同创新体系算力枢纽实施方案》	提升算力服务水平。支持在公有云、行业云等领域开展多云管理服务，加强多云之间、云和数据中心之间、云和网络之间的一体化资源调度
2021 年	国家发改委等四部门	《关于同意宁夏回族自治区启动建设全国一体化算力网络国家枢纽节点的复函》等 4 个文件	批复同意 8 地启动建设全国一体化算力网枢纽节点，并规划了 10 个国家数据中心集群，国家“东数西算”工程和全国一体化算力网络建设正式拉开帷幕
2022 年	国家发改委等四部门	《关于同意长三角地区启动建设全国一体化算力网络国家枢纽节点的复函》等 4 个文件	
2023 年	中共中央国务院	《数字中国建设整体布局规划》	夯实数字基础设施和数据资源体系“两大基础”，提出“夯实数字基础设施建设”“系统优化算力基础设施布局，引导通用数据中心、超算中心、智能计算中心、边缘数据中心等合理梯次布局”

数据来源：政府官网、中国通服数字基建产业研究院。

为什么要建设算力中心？一方面，可以规避数据中心传统物业式模式的弊端。传统的数据中心以空间出租为主要服务形式，随着市场的发展，IDC 服务商间同质化日益严重，数据中心服务落入低价竞争的窠臼。而算力中心则以算力服务为核心，IDC 服务商比拼的是综合的算力服务能力，从而促进市场的良性发展。另一方面，推动算力结构不断优化。相对于重基础生产力属性的普算或通算，以创新力为主要特征的智算可以显著提升计算效率和应用水平，满足更高层次的数字经济需求。异构计算技术的发展实现 CPU、GPU、DPU、ASIC 等不同类型处理器协作，实现算力指数级提升，破除摩尔定律失效的“魔咒”；而大模型训练、AI 推理、元宇宙渲染等应用场景爆发也从另一端推动算力结构逐步由基础算力向高阶算力演化。

据统计，截至 2023 年 2 月，我国已投入运营和在建的人工智能计算中心达 23 个。从区域分布来看，我国人工智能计算中心集中于东部和中部省份，北京、上海、南京、杭州等一、二线城市为主要建设地。其中，12 个人工智能计算中心位于京津冀、长三角等东部省份；中部地区拥有人工智能计算中心 6 个；西部和东北地区的人工智能计算中心数量分别为 3 个和 2 个。全国在建/运营的智算中心见表 1-4。

表 1-4 全国在建/运营的智算中心

智算中心名称	位置	运营状态	算力	合作方
北京昇腾人工智能计算中心	北京市门头沟区	2023 年 2 月 13 日上线	一期 100P FLOPS（短期算力达到 500P，远期达到 1000P）	华为昇腾
天津人工智能计算中心	天津市河北区	2022 年 12 月 30 日一期完工	300P FLOPS	华为昇腾
河北人工智能计算中心	河北省廊坊经济开发区	2022 年 2 月 14 日揭牌	计划 100P FLOPS	华为
大连人工智能计算中心	辽宁省大连市	在建	计划 100P FLOPS	华为昇腾
沈阳人工智能计算中心	辽宁省沈阳市	2022 年 8 月 9 日上线	100P FLOPS（后期 300P）	华为昇腾
济南人工智能计算中心	山东省济南市	已接入中国算力网	不详	华为昇腾
青岛人工智能计算中心	山东省青岛市	已接入中国算力网	100P FLOPS	华为昇腾
未来人工智能计算中心	陕西省西安市雁塔区	2021 年 9 月 9 日	一期规划 300P FLOPS FP16	华为昇腾
阳泉智算中心	山西省阳泉市	2022 年 12 月 27 日上线	计划 100P FLOPS	百度
中原人工智能计算中心	河南省郑州市	2021 年 10 月 21 日上线	计划 100P FLOPS	华为昇腾
武汉人工智能计算中心	湖北省武汉市东湖高新区	2021 年 5 月 21 日	100P FLOPS	华为昇腾
长沙人工智能计算中心	湖南省长沙市高新区	2022 年 11 月 4 日	200P FLOPS（2025 年达到 1000P）	华为昇腾
南京鲲鹏·昇腾人工智能计算中心	江苏省南京市	2021 年 7 月 6 日上线	800P OPS	华为昇腾
南京智能计算中心	江苏省南京市	2021 年 7 月 16 日投入运营	800P OPS	浪潮、寒武纪
太湖量子智算中心	江苏省无锡市	2023 年 1 月 1 日揭牌	不详	上海交通大学等
腾讯长三角人工智能超算中心	上海市松江区	在建	1400P FLOPS（预计）	腾讯
商汤人工智能计算中心	上海自贸区临港新片区	2022 年 1 月 24 日投产	同时接入 850 万路视频；1 天内可处理时长 23600 年的视频	商汤科技
杭州人工智能计算中心	浙江省杭州市	2022 年 5 月 20 日	40P FLOS（后期 100P）	华为昇腾
淮海智算中心	安徽宿州	在建	300P FLOPS	华为昇腾

（续）

智算中心名称	位置	运营状态	算力	合作方
合肥人工智能计算中心	安徽合肥	在建	100P FLOPS FP16	华海智汇
成都人工智能计算中心	四川省成都市	2022 年 5 月 10 日	300 FLOPS（最终 1000P）	华为昇腾
重庆人工智能计算中心	重庆科技城	在建	一期 400P FLOPS	华为昇腾
横琴人工智能超算中心	广东省珠海市横琴区	2019 年 12 月成立	1.16EOPS（2019 年底）；4EOPS（完全建成）	中科院、寒武纪等

数据来源：至顶智库、中国通服数字基建产业研究院，数据统计截至 2023 年 2 月。

“论述完这些重大政策之后，我们是不是可以认为国内数据中心正处于关键变革期？而这些新的变化往往是企业经营战略的关键环境假设。”咨询 A 总结。“我同意这个说法，现在国内数据中心确实处于一个关键转型期”。其余各方几乎同时表达了赞同。

“那么，这个新阶段具体有哪些特征？”咨询 A 对此做了剖析，他认为至少可以分为新趋势和新生态两个维度。不过在具体说这两个维度之前，他对数据中心产业的属性做了一个全新的定义。

1.3　国内数据中心产业进入新阶段

数据中心产业是数字科技、数字设施和数字能源的三重载体产业，简称“三体”产业，如图 1-3 所示。近年来，国内数据中心发展呈现“三体”产业复合属性，对布局集约化、建设低碳化、服务算力化均提出了高要求。如前所述，数据中心产业发展走势与政策紧密相关，在政策加码下，数据中心定位发生新变化，从传统数字设施单一属性向叠加数字科技、数字能源等新属性方向加速演变，产业发展进入新阶段。首先，IDC 基础内涵是数字时代的地产行业，通过数字空间租赁获取资产收益，这一属性决定了 IDC 产业必然注重区位选取与投资能力。其次，由于机房运转和设备冷却需要耗费大量电力，IDC 属于高能耗产业，在大环境下，节能减排与产业发展的嵌入融合会越来越密切。最后，IDC 是建立在计算、存储、通信三大科技基础上承载算力的物理实体，国内数字经济发展离不开产业的支撑作用，国家发改委曾测算：每消耗 1 吨标准煤，直接贡献 1.1 万元数据中心产值，可以带来 88.8 万元数字产业化增加值，间接带来 360.5 万元产业数字化市场。

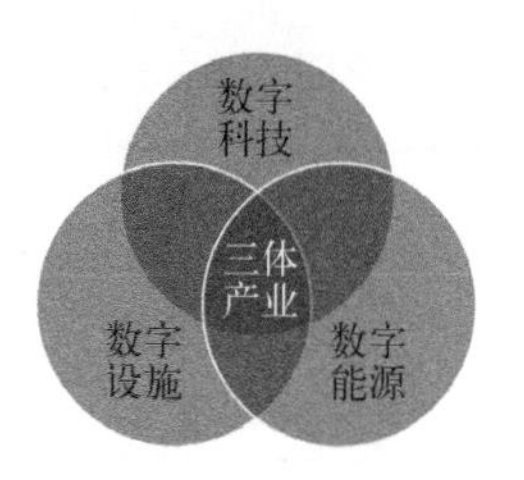

图 1-3 数据中心产业的三重载体属性示意图

数据来源：中国通服数字基建产业研究院。

1.3.1 产业新趋势

经过 20 年的发展，我国数据中心在市场需求与供给驱动下，建设规模不断扩大，集群化趋势明显。随着数据中心规模的不断扩大，数据中心的能耗与碳排放持续提升，在国家双碳总体目标下，数据中心绿色低碳化发展大势所趋。同时，在政策利好（“东数西算”加速构建一体化算力服务体系等）、需求提振（AI 产业进入新纪元、产业互联网进入新阶段等）、技术升级（算力异构化推动算力升级等）作用下，算力化成为未来数据中心发展的主流趋势之一。

1. 布局集群化

超大型数据中心数量增长快速，市场主体推动数据中心向核心区域布局,呈现由“中心向周边”“东部向西部”转移的部署趋势。

（1）中国超大型数据中心增速快，机架占比超 40%

中国超大型数据中心整体数量从 2018 年的 34 个增长到 2022 年第二季度的 120 个，四年复合增长率超 50%。超大型数据中心机架占比也从 2018 年的 37%增长到 2022 第二季度的 42%，数据中心集群化趋势明显，如图 1-4 所示。

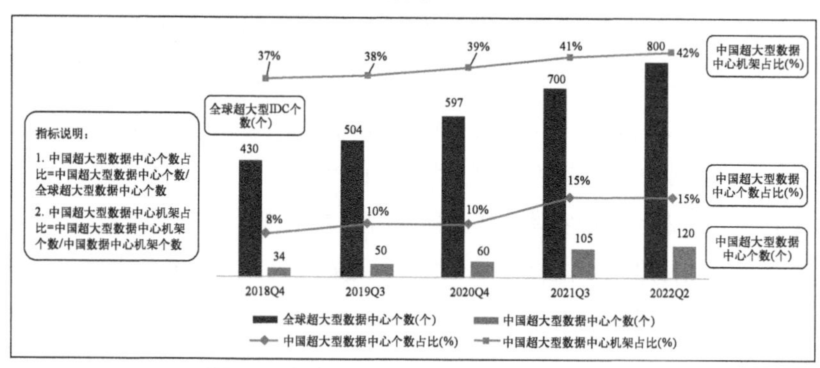

图 1-4 全球及中国超大型数据中心发展情况

数据来源：Synergy Group，中国通服数字基建产业研究院。

（2）市场主体的需求驱动和供给导向，推动数据中心集群化发展

从需求来看，一方面，OTT（大中型互联网客户）云承载需求趋势明显。据调研发现，阿里、腾讯、百度等头部互联网企业新增机柜需求主要用于云承载，占比达 60%～80%，且主要集中在核心热点区域，呈多 AZ 集群分布需求态势。以腾讯云为例，腾讯云在北京周边 100km 范围内联动怀来、天津形成 3AZ 架构，承载其核心热数据处理等业务发展需求。腾讯云 3AZ 架构示意图如图 1-5 所示。

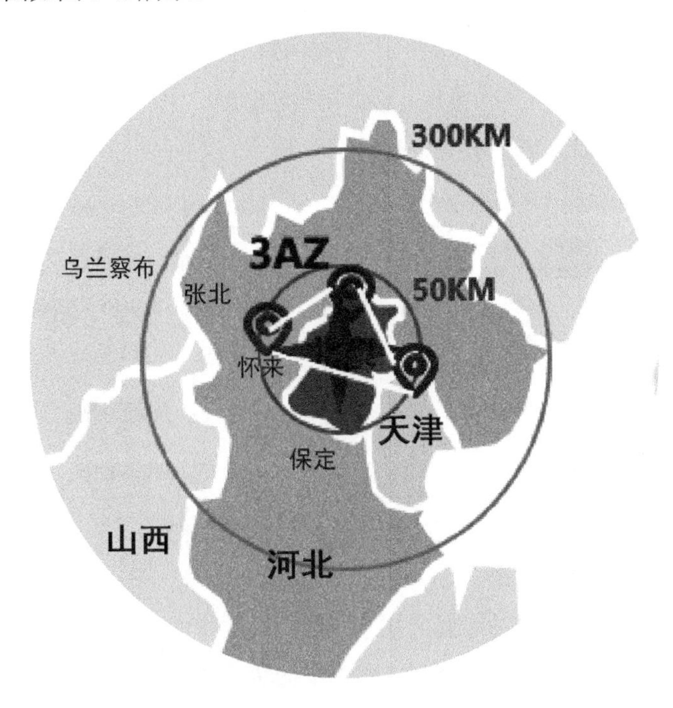

图 1-5　腾讯云 3AZ 架构示意图

数据来源：中国通服数字基建产业研究院绘制。

而阿里、腾讯、百度体系内及其他中小企业均呈现 all-in 云趋势（即业务全上生态链链主的云）。BAT 云承载示意图如图 1-6 所示。

值得注意的是，一些腰部互联网企业如字节跳动、拼多多、小红书等，最初承载于头部云商公有云上，然而由于其自身业务增长，服务器需求规模不断扩大，一般在服务器规模超过 5000 台之后便逐渐呈现下云趋势，开始转向租用数据中心；在服务器规模超过 10000 台后，将开始转向自建数据中心。腰部互联网企业下云趋势示意图如图 1-7 所示。

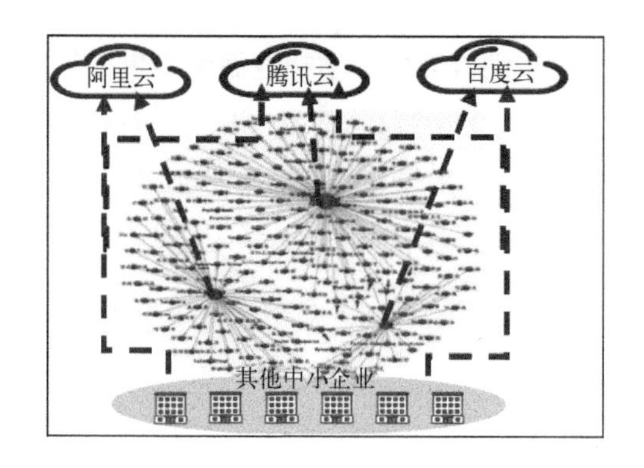

图 1-6　BAT 云承载示意图

数据来源：中国通服数字基建产业研究院。

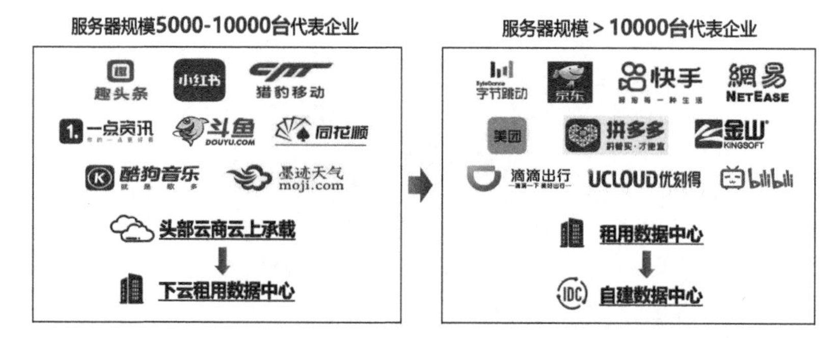

图 1-7　腰部互联网企业下云趋势示意图

数据来源：中国通服数字基建产业研究院。

另一方面，大中型行业客户的专属云需求，推动数据中心承载从单中心向行业/区域多中心、跨行业/区域中心演进，如图 1-8 所示，进一步加快了数据中心规模化、集中化建设进程。

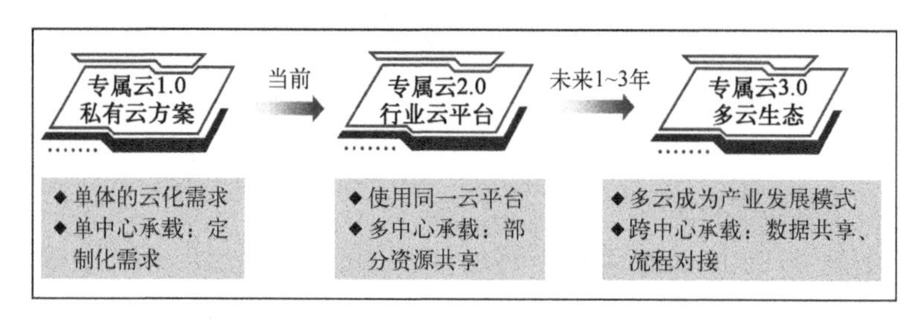

图 1-8　行业客户专属云需求演进示意图

数据来源：中国通服数字基建产业研究院。

值得一提的是，各大行业头部企业为了降低成本、提高集约化效果、保证数据安全性等，开始出现自建数据中心及行业云等趋势，典型的如金融行业。其中，中国银行超大型金融数据中心集群的建设就很有代表性。

中国银行金融数据中心项目定位为中国银行分布式架构体系生产中心、集团云中心和金融科技中心，是国家“东数西算”的重要新基建工程，是国家数据中心集群代表项目。

1）项目概况：项目位于内蒙古和林格尔新区云谷片区，占地 464 亩，总投资约 113 亿元，规划总建筑面积 43.8 万 m^2，建设 16 栋数据中心、6 栋动力中心、2 座 110kV 变电站以及金融研发、运维、ECC 总控中心等单体建筑，满足 30 万台服务器安装需求。

2）建设亮点：为加快打造全国算力“一张网”，项目建设全周期应用了模块化无柱机房技术、封闭热通道技术、高效机房综合技术、冷水机组出水温度优化技术等，并提速数据中心项目的建设，为数据中心建设做出标杆示范。

3）项目进展：中国银行金融数据中心项目 13 栋单体建筑已实现全部封顶。项目常规机电安装、办公室内部粗装修屋面工程等正在有序进行，预计于 2023 年 9 月竣工。

以中国银行为代表的金融行业客户，对数据中心建设要求较高。一般来说，在机房设施方面，银行更为注重先进性和稳定性，要求国标 A 级数据中心机房，以 5～8kW 中高功率机架为主；在网络要求方面，具有低时延、高可靠的专线需求、对外网络互联的多线需求；在安全可靠方面，要求等保三级及以上（金融团体云基础设施明确需求等保四级）、两地三中心灾备（20km≤同城灾备≤70km，异地灾备不出省）、至少双线路双路由（定期主备切换）、隔离专区、独立门禁和远端监控等。

从供给看，整体呈现向核心区域集中部署态势。数据中心服务商主要在京津冀、长三角、粤港澳、成渝、内蒙古等区域布局。根据 CDCC 统计数据，2021 年，四大核心区域存量机柜总数占比超 80%，其中以北京及周边为核心的华北地区占比 26%、长三角为核心的华东地区占比 29%，以粤港澳为核心的华南地区占比 24%，以成渝为核心的西南地区占比 10%。如图 1-9 所示。

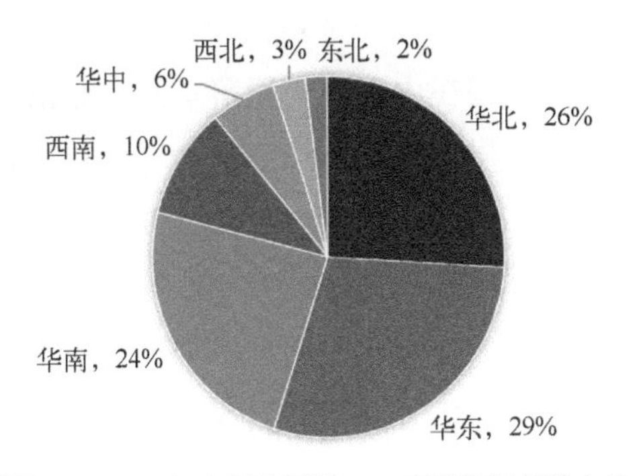

图 1-9　2021 年全国各区域 IDC 存量机柜总数占比

数据来源：CDCC《2021 年中国数据中心市场报告》。

随着“东数西算”战略推进，以及东部土地、能耗资源紧张情况下，OTT、数据中心服务商等的数据中心布局不仅呈现“中心向周边”转移趋势，未来也将由东部向西部迁移，数据中心产业布局呈现“中心向周边”“东部向西部”双向流动趋势。“东数西算”政策下东西部资源占比变化如图 1-10 所示。

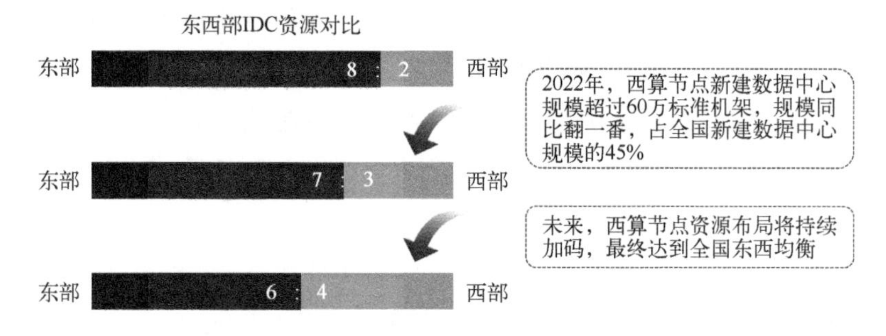

图 1-10　全国东西部资源占比变化

数据来源：工信部，中国通服数字基建产业研究院。

“关于集群化，一个很有意思的点是：大家都在猜测我国中部未来 2～3 年会不会建设集群，我想可以从美国集群建设路径中获得一些启示。”咨询 A 兴奋地说。

（3）中美 IDC 发展大势对比

1）中美存在相似点：从选址结果看，均是围绕中心一线经济发达城市或强关联产业需求旺盛地部署。

① 美国：数据中心需求集中在首都华盛顿、金融中心纽约等东北部地区（两大东部集群）；西部受硅谷科技产业需求带动，在旧金山、西雅图等局部地区数据中心集聚（一个硅谷集群）。

② 中国：数据中心热点区域主要以环首都京津冀区域、沿海长三角和粤港澳地区为主；蒙贵等地在大数据中心产业发展驱动下，形成数据中心聚集区。

2）美国超前中国 3～5 年：美国在中部至少设置了两大数据中心集群（艾奥瓦州、俄亥俄州），并且已吸引了谷歌、亚马逊、微软、苹果和 Facebook 五大云公司投资入驻；而中国中部及东北部还处于最初始阶段。

① 美国：除东西部集群外，在中部艾奥瓦州、俄亥俄州至少设置了两大中部数据中心集群。美国大型及以上数据中心数量分布图如图 1-11 所示。其中，AWS、谷歌、Facebook、苹果均在艾奥瓦州投资超大规模数据中心园区，如谷歌投资高达 25 亿美元（150 亿元），部署占地近 100 万 m^2 的数据中心园区；亚马逊在俄亥俄州建设容纳 50000～80000 台服务器，占地面积接近 14 万 m^2 的数据中心集群等。

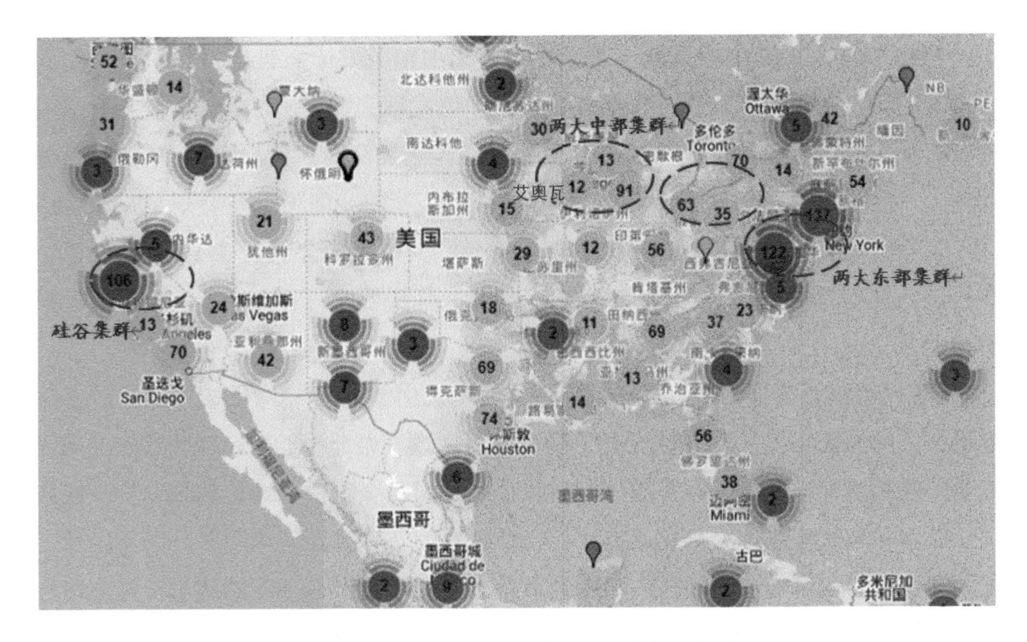

图 1-11　美国大型及以上数据中心数量分布图

数据来源：Data Center Map。

② **中国：**在中部及东北地区目前还没有大型数据中心集群（成渝位于中西部，不列入）。

3）美国中部数据中心集群建设的驱动因素。

① **具体剖析美国中部数据中心集群建设的驱动因素，发现网络不是影响中部集群崛起的最关键因素。**从美国网络架构来看，中部大平原网络基础设施相对匮乏，但中部数据中心集群仍在加速发展。美国网络管道分布图如图 1-12 所示。

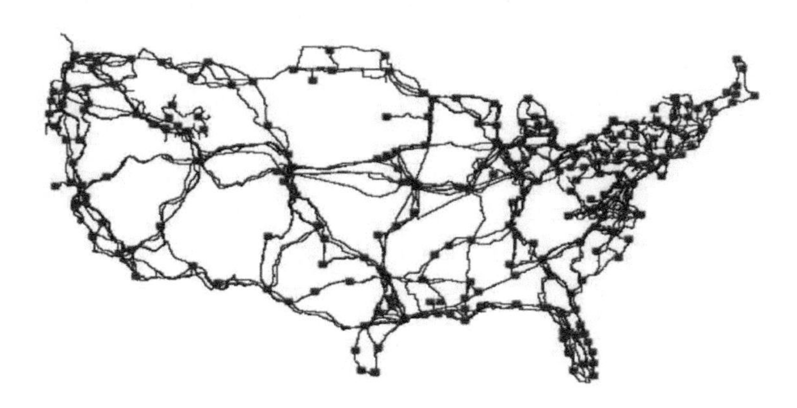

图 1-12　美国网络管道分布图

来源：《InterTubes: A Study of the US Long-haul Fiber-optic Infrastructure》。

② 内容分发和 SaaS 应用发展需求是驱动美国中部数据中心集群发展的最大因素。一是美国 CDN 市场呈现自若干中心节点向周边分发的发展趋势，将数据中心置于美国中部地区，更有利于将内容分发到美国各地的主要市场（如芝加哥、达拉斯等），减少流媒体的延迟和缓冲。二是中部区位可以让数据与任一海岸/地区互通，便于 SaaS 开发和使用，如早在 2020 年，美国公有云市场规模约 1794.4 亿美元，其中美国公有云 SaaS 占比已近 7 成，而同期中国占比不到 3 成，未来 SaaS 市场将成为中国各类厂商发力重点，对中部数据中心集群提出要求。

③ 疫情后远程办公使得美国科技和金融企业、人才向中部相对低成本地区转移，传统企业集聚区、中央商务区的重要性日益下降。疫情后远程办公日益普及，传统企业集聚区、中央商务区的重要性日益下降，美国硅谷科技中心和纽约金融中心地位被削弱，企业和人才更多向低成本和税收优惠地区转移。例如，特斯拉公司首席执行官埃隆·马斯克表示，他已经从加利福尼亚州搬到得克萨斯州；前身为惠普公司企业级产品部门的慧与科技公司计划将总部搬到得州；软件和服务提供商帕蓝帝尔科技公司也称，将把总部迁至科罗拉多州丹佛市；高盛集团正考虑在佛罗里达州设立新总部，以容纳其资产管理部门等。

④ 美国中部受地震和飓风影响较小，土地充裕，且以平原和丘陵为主，优越的地理位置等自然条件更适合数据中心建设。相较西部高大山地地形和东西海岸，美国中部大平原地势平稳、土地资源丰富，且受地震和飓风等自然灾害影响较小。

从中美 IDC 发展大势对比可知，中国中部及东北地区未来 3～5 年有望出现大数据中心集群，同时考虑国内东数西算八大枢纽节点部署及西部地区资源利用率水平偏低的现实情况（当前全国数据中心上架率平均保持在 55%的水平，然而西部地区上架率不到 30%，发改委提出到 2025 年西部数据中心利用率由 30%提高到 50%以上），预计我国中部及东北区域短期 2～3 年内不会正式设立数据中心枢纽节点，但不排除少量特色先行区的设置。

2. 建设低碳化

在数据中心能耗用量加速提升的背景下，PUE 优化（节能）和可再生能源替换（洁能）进程加快，打造“零碳/低碳数据中心”成为产业基本面。

（1）数据中心用电量和二氧化碳排放量处于增长态势

根据 CDCC《2021 年中国数据中心市场报告》数据，如图 1-13 所示，2021 年，全国数据中心用电量 937 亿 kWh，占全社会用电量达到 1.13%，二氧化碳排放量约为 7830 万 t，占全国二氧化碳排放量比重为 0.77%；预计到 2025 年，全国数据中心用电量达到

1200 亿 kWh，占全社会用电量达到 1.23%，全国数据中心的二氧化碳排放总量预计将达到 10000 万 t，约占全国排放总量的 0.93%。节能优化和能源替换是两大减排途径，针对当前全国数据中心用电量高、可再生能源使用水平均较低（<30%）、PUE 较高（>1.49）的现状，十四五末对可再生能源应用（>50%）、PUE 改进（东部<1.25、西部<1.2）等均提出改进目标。

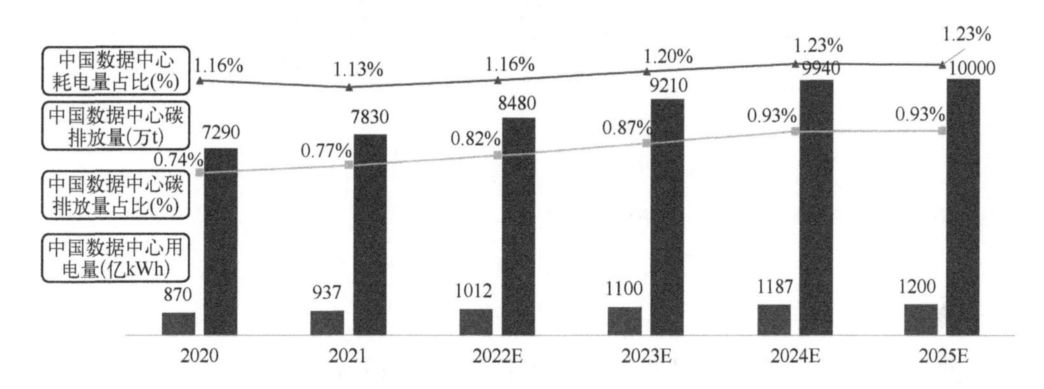

图 1-13　2020—2025 年全国数据中心用电量和碳排放量概况

数据来源：CDCC，中国通服数字基建产业研究院。

“让人欣慰的是，受单体建设规模优化和新技术应用等影响，总体能效水平国内是在不断进步的，这个可以从一些对比数据上看到。”政府 E 补充道，接着罗列了不少相关数据。

（2）全国数据中心能效水平不断提升

根据 CDCC 统计分析，2021 年度全国数据中心平均 PUE 为 1.49，相较于 2019 年全国平均 PUE 近 1.6，全国数据中心 PUE 已有所提升。其中华北、华东的数据中心平均 PUE 接近 1.40，处于相对较高水平；华中、华南地区受地理位置和上架率及多种因素的影响，数据中心平均 PUE 值接近 1.60，存在较大的提升空间。2021 年全国及各区域 IDC 平均 PUE 情况如图 1-14 所示。“东数西算”政策明确要求到 2025 年，东部枢纽节点数据中心 PUE<1.25，西部枢纽节点数据中心 PUE<1.2，并且重点推动各大节点绿色节能示范工程实施，这些无疑会进一步加快数据中心建设低碳化进程。同时，在氟泵变频技术、热管多联技术、间接蒸发冷却机组（AHU 一体化机组）、液冷技术（市场上冷板式、浸没式为主）、智慧机房运维（AI 调优）等新技术的规模化应用下，数据中心能效优化空间有望进一步扩大。

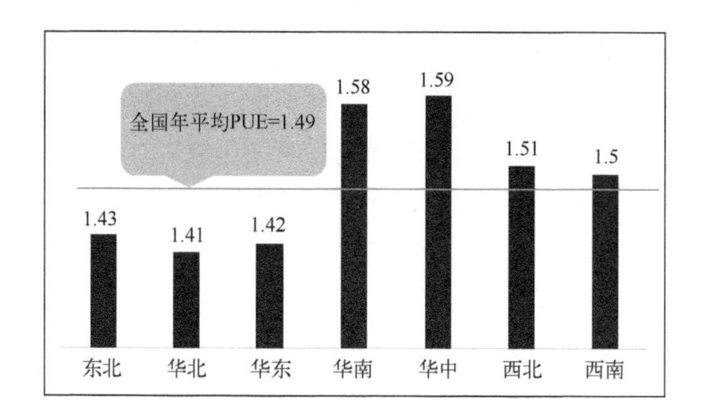

图1-14 2021年全国及各区域IDC平均PUE情况

数据来源：CDCC，中国通服数字基建产业研究院。

“除了PUE，可再生能源利用率虽然现在较低，但也在快速提升。”许久未发言的跨界D对此块有很多感想，他接着展开说。

（3）数据中心可再生能源利用率在未来几年有望快速改善

根据国际环保组织绿色和平[㊀]研究，2018年中国数据中心火电用电量占其总用电量的73%，而中国数据中心可再生能源使用比例仅为23%，低于我国市电中可再生能源使用比例26.5%。到2020年，我国数据中心可再生能源利用率达到30%左右，相较于2018年已取得较为显著的提升。未来，随着国家及各省市加大对数据中心化石能源使用的约束，发布政策推动分布式光伏、新型储能等技术及应用的规模化发展，数据中心可再生能源利用率将大幅提升。国家及重点省市分布式光伏、储能政策总结如下。

1）分布式光伏政策。

国家层面：国务院发布《关于促进光伏产业健康发展的若干意见》，提出大力开拓分布式光伏发电市场。优先支持在用电价格较高的工商业企业、工业园区建设规模化的分布式光伏发电系统。工信部、财政部、商务部等七部门联合印发《加快电力装备绿色低碳创新发展行动计划》，要求加快IDC等场景的新型配备装备建设、推动“光伏+”“储能+”与IDC融合发展。

省市层面：上海市推动工业企业、园区分布式光伏应装尽装；四川省鼓励具备条件的地区利用工业厂房、商业楼宇、公共建筑和居住建筑等建设屋顶分布式光伏；安徽省提出要充分利用建筑本体及周边空间，大力推进光伏建筑一体化应用，新建公共建筑、工业厂房光伏

㊀《点亮绿色云端：中国数据中心能耗与可再生能源使用潜力研究》。

应用比例达到 50%。

2）储能政策。

国家层面：国家发改委等发布《“十四五”现代能源体系规划》《“十四五”可再生能源发展规划》《工业领域碳达峰实施方案》等政策，要求大力推进电源侧储能发展，推动电化学储能技术性能进一步提升，系统成本降低 30%以上。支持具备条件的企业开展“光伏+储能”等自备电厂、自备电源建设。明确新型储能独立市场主体地位，促进储能在电源侧、电网侧、用户侧多场景应用，探索“储能+”数据中心等新兴业态发展。

省市层面：青海、甘肃、河北、河南、安徽、广东等超过 16 个省市在其《“十四五”能源发展规划》中提出要加大新型储能装机规模，积极推进储能和可再生能源协同发展，实行“新能源+储能”一体化开发模式。全面推进电化学等新型储能设施建设，积极开展电化学、压缩空气等各类新型储能应用。

（4）打造“零碳数据中心”成为数据中心低碳化发展的终极目标

随着国家对数据中心能耗管控趋严，以及 PUE 优化技术、源网荷储一体化技术发展，打造极致节能+100%利用可再生能源的“零碳数据中心”成为主流服务商的重要发展方向。以中国电信为例，中国电信结合青海清洁能源优势，创新推动数字经济与青海清洁能源深度融合发展，打造中国电信数字青海绿色大数据中心，成为全国首个 100%清洁能源可溯源绿色大数据中心，也是全国首个大数据中心领域源网荷储一体化绿电智慧供应系统示范样板，重新定义了绿色大数据中心新标准和绿色能源显性化消费新模式。

“如果说集群化和低碳化是数据中心应有的实体形态，那么算力服务就是它的功能本质，而且正在从低质算力升级为高质算力，成为新质生产力的重要组成部分。”咨询 A 接下来论述服务算力化趋势。

3．服务算力化

算力 2.0 时代到来，算力由基础算力向智能算力发展，异构算力需求崛起。

（1）数字经济高质量发展诉求推动算力由 1.0 向 2.0 演进

如图 1-15 所示，算力 1.0 主要提供数据存储、分发，传统数据中心相当于一个算力“仓库”，对数据大规模处理和提供高性能计算（智算/超算）能力有限。算力 2.0 由新型数据中心提供大规模数据处理和高性能计算能力，具有互通性、智能性、融合性、绿色性、安全中立性等特征，在 2020 年新基建提出以后，新型算力中心着重开始规划，例如 2020 年 4 月，国家发改委明确提出要推进新型算力设施规划。

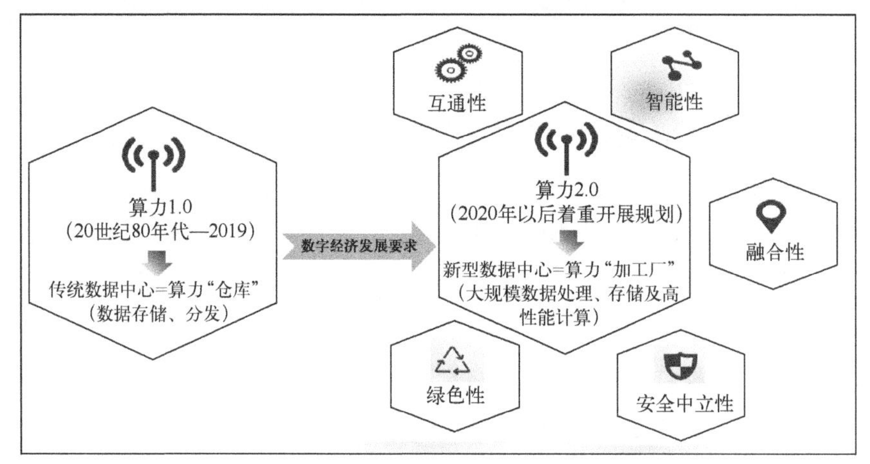

图1-15 算力1.0向2.0研究示意图

数据来源：国家信息中心，中国通服数字基建产业研究院。

（2）人工智能进入泛产业智能服务的2.0时代

AI 进入千行百业，全场景融智进一步放大智算中心战略价值，推动数字经济向智能经济演进。在深度学习技术获得重大突破的时代背景下，AI 产业已经迎来从 1.0（分析式 AI 时代）迈入 2.0（生成式 AI 时代）的拐点期。AI 1.0 拉开了 AI 感知智能时代的序幕，使得机器能够更好地在计算机视觉、自然语言处理等领域创造价值，但整体服务领域相对较窄，收集和标注数据成本高；伴随通用大模型、多模态技术等革新发展带来的场景扩展和成本降低，AI 进入 2.0 新时代，由感知能力升级为认知能力，人工智能能够广泛服务千行百业，如“AI+制造”实现工业机器人制造生产设备，生产系统智能感知、智能决策、智能执行，帮助企业提质增效；“AI+新能源”可实现新能源智能化发电和储存，提高新能源汽车的能源利用效率和智能化程度；“AI+医疗”大幅加速临床诊断和治疗决策、提供个性化医疗分析和诊疗方案，实现医疗服务水平的大幅提升；“AI+金融”可实现快速、准确、智能的内容生成，执行数据驱动的投资决策，助力行业数智转型。智算中心为 AI 应用的底座，其重要“推手”作用愈发显现，加速智算中心布局建设以支撑广泛的行业应用日益成为刚性需求。

（3）我国算力规模持续扩大，缩小与世界先进国家差距

2021 年我国算力总规模达到 202EFLOPS，全球占比约为 33%，同比增长 50%，全球占比相较于 2020 年上升两个百分点，缩小了与美国等发达国家差距（如图 1-16 所示）。其中，基础算力规模（FP32）达到 95EFLOPS，全球占比约为 26%；智能算力规模（换算为 FP32）达到 104EFLOPS，全球占比约为 45%；超算算力规模（换算为 FP32）约为 3EFLOPS，全球占比约为 48%。

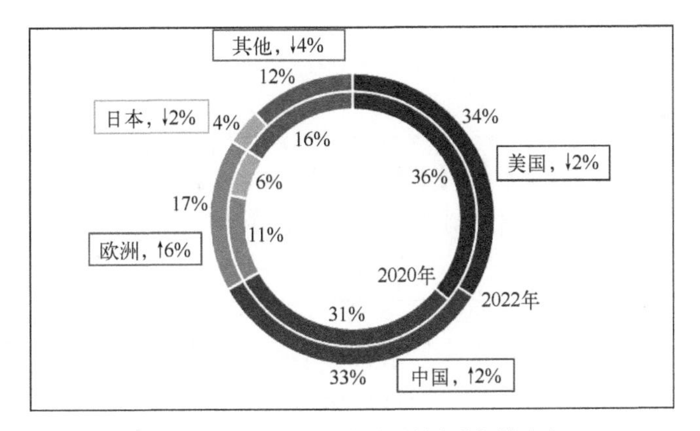

图 1-16　2020～2022 年全球算力总规模分布

数据来源：IDC，Gartner，中国通服数字基建产业研究院。

（4）我国智能算力规模发展迅猛，算力区域分布不均将得到改善

当前，我国智能算力进入高速发展阶段。截至 2022 年底，我国基础设施算力规模为 180EFLOPS，排名位居全球第二。其中，通用算力规模为 137EFLOPS，智能算力规模为 41EFLOPS，超算算力规模为 2EFLOPS。2022 年中国智能算力规模同比增加了 41.4%，占比达 22.8%（如图 1-17 所示），超过全球整体智能算力 25.7%的增速。根据工信部的数据，预计至 2025 年，我国智算中心数量将达到 50 个，智能算力规模占比将至少提升至 35%。当前江苏、北京、广东、上海、河北等东部省市基础设施算力规模较大，西部省市基础设施[㊀]算力规模较小，算力区域分布不平衡，如图 1-18 所示。随着“东数西算”工程的推进，未来算力的区域分布不均衡问题将得到改善。

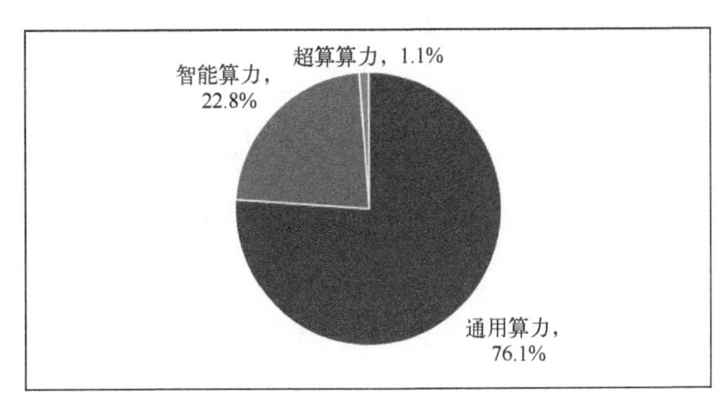

图 1-17　2022 年中国基础设施算力结构

数据来源：工信部、中国信通院、中国通服数字基建产业研究院。

㊀ 基础设施算力规模=数据中心算力+智算中心算力。

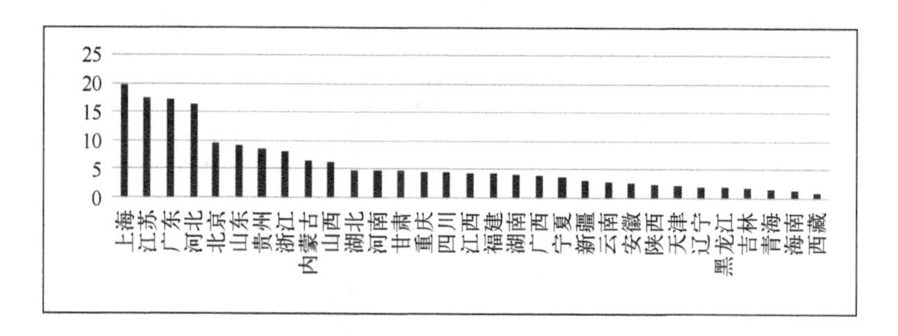

图1-18　2022年中国部分基础设施省份算力规模（EFLOPS）

来源：IDC、Gartner，中国信通院、中国通服数字基建产业研究院。

（5）摩尔定律失效，新兴技术崛起，算力异构化成为算力发展重要趋势

后摩尔时代，摩尔定律[㊀]接近物理极限，在20世纪80至90年代，每18个月CPU性能就会翻倍，但如今CPU性能提升每年只有不到3%，CPU遭遇性能瓶颈。同时，5G、边缘计算、AI、物联网等新技术应用落地，对计算性能提出更高要求，推动处理器从单核CPU向多核CPU/GPU、CPU+GPU+FPGA+ASIC超异构并行处理转变，算力发展不同阶段的算力性能比较如图1-19所示，以专用加速芯片为代表的异构加速计算需求正蓬勃兴起，催生高性能异构算力需求。此外，云边端场景化、智能化算力需求也加速推动了异构算力融通发展，要求数据中心具有多元化算力供应格局。

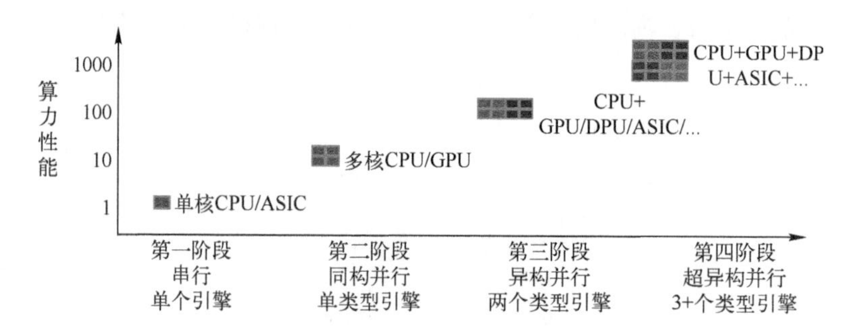

图1-19　异构计算发展趋势（超异构计算实现算力千倍提升）

数据来源：《软硬件融合》，极客网。

“新趋势催生新生态，三大趋势之下的数据中心产业生态，我认为变化也是非常之大，大家有什么感受没有？”咨询A做了引导发言。“我可以谈谈我的感受，欢迎大家做补充。”咨询A接着说。

㊀ 摩尔定律：CPU处理器的性能大约每18个月翻一倍，同时价格下降为之前的一半。

1.3.2　产业新生态

数据中心产业生态范围广，吸引众多玩家纷纷涌入，在“东数西算”背景下，数据中心产业全链呈现新变化。选取重点环节及代表性较强的企业，形成国内数据中心产业新生态视图，如图 1-20 所示。

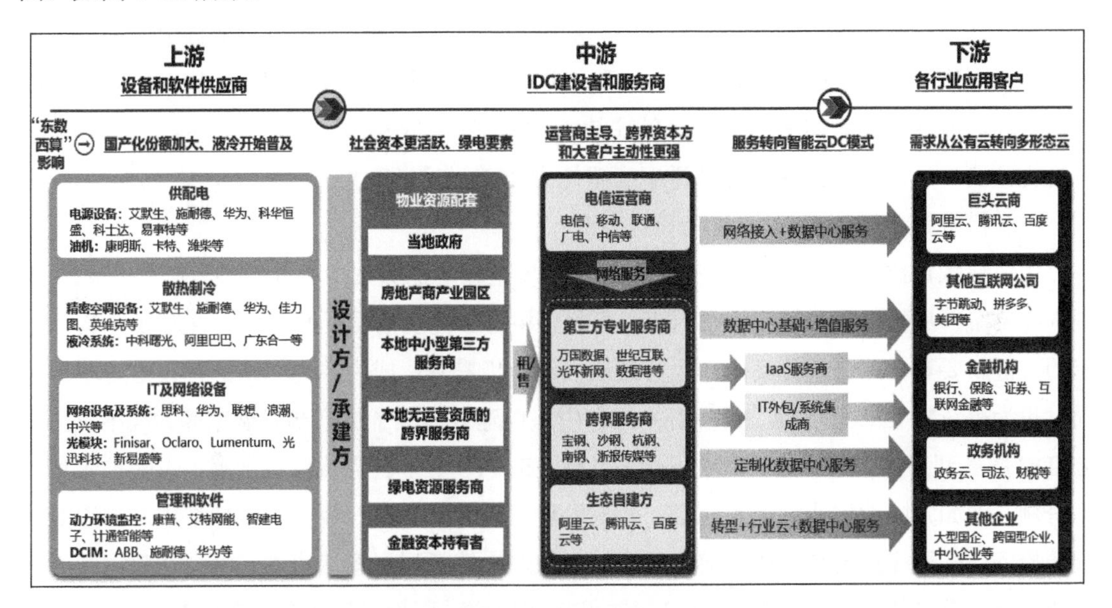

图 1-20　“东数西算”背景下国内数据中心产业新生态视图

数据来源：IDC 圈，中信证券，中国信通院，中国通服数字基建产业研究院。

总体来看，国内数据中心产业链生态包括：产业链上游为设备和软件供应商，“东数西算”影响下，国产化设备份额加大，液冷系统厂商兴起；产业链中游为 IDC 建设者和服务商，叠加“双碳”战略影响，绿电资源服务商成为 IDC 建设所需物业资源配套的主要参与者之一，“东数西算”作为国家战略工程，要求运营商在算力网络体系层面发挥主导性作用，同时随着社会资本更加活跃，第三方 IDC 服务商、跨界资本方和互联网大客户主动性也不断加强；产业链下游为各行业应用客户，随着数字化转型加快渗透，各行业客户需求逐渐向多形态云转变，对 IDC 服务的诉求转向智能云 DC 模式。

具体来看。

（1）产业链上游的设备和软件供应商

主要是为数据中心建设提供所必需的基础设施或条件。其中设备商提供基础设施和 ICT

设备，分别为底层基础设施（供配电系统、散热制冷系统等）和 IT 及网络设备（交换机、服务器、存储等）；而软件服务商提供数据中心管理系统（动环监控系统、数据中心基础设施管理系统等）。在“东数西算”背景下，一方面数据中心光网络、暖通设备、电力等关键设备国产份额加大，如涌现出光迅、佳力图、华为、科华恒盛等厂家；另一方面，产业链上游企业也借助自身价值卡位，纷纷开始尝试进入中游服务商领域，如科华恒盛、佳力图等均有实际探索。此外，在制冷新技术方面，液冷开始加快普及，例如阿里巴巴仁和数据中心采用了服务器全浸没液冷，是目前全球规模最大的全浸没式液冷数据中心；中科曙光已有近 50 项液冷核心专利，液冷服务器部署超过 5 万个节点，布置的液冷服务器已有几十万台；多方专业研究机构预测，十四五末国内液冷渗透率有望达到 20%～30%。

（2）产业链中游的 IDC 建设者和服务商

中游玩家定位在于整合上游资源，建设高效安全稳定的数据中心并提供 IDC 及云相关服务产品方案，是数据中心产业生态的核心角色。相对于传统物业资源，绿电成为 IDC 物业配套的关键新要素；IDC 服务商中，运营商地位进一步提升，成为算力网络的建设主力军，但同时也为第三方 IDC 服务商、跨界资本方和生态自建方提供了更广阔发展空间。其中，第三方 IDC 服务商通过自建、兼并收购、合作共建、REITS 等多种方式灵活部署，不断扩张其市场份额，例如万国数据通过上市融资、股权融资、可转债、银行授信等多种举措，加码 IDC 资源投资，需要注意的是，在当前大环境下，REITS 等新型资本运作方式将会在数据中心投融资中充当更重要的角色，未来 1～2 年内有望实现突破落地（后续章节会做补充讲解）；传统行业跨界方希望通过相关多元化投资加大数字产业布局，助力产业结构优化和树立央国企数字化转型示范。例如能源行业的杭钢使用 9.5 亿元募集资金收购了杭州杭钢云计算数据中心有限公司（原名为杭州紫金实业有限公司）100%股权，并对其增资投建杭钢云计算数据中心项目一期，IDC 资源规模约 1 万个机柜；生态自建方以阿里云、腾讯云等头部云商为主，在 IDC 资源建设方面普遍采用租用运营商 IDC 资源、与第三方 IDC 服务商合建、自建 IDC 资源三种方式，近年来业务萎缩下的成本控制将使得合建需求进一步高涨，如阿里云与万国数据、数据港、宝信软件等第三方 IDC 服务商均建立了长期稳定的合建采购合作。

（3）产业链下游的各行业应用客户

下游为数据中心的使用者，包括云商、互联网企业与其他重点行业用户，如金融机构、政务机构、其他大中型企业用户等。云承载是主要用途，云商是主要使用方，通过服务器集群托管和资源虚拟化、平台化为其客户提供灵活的算力分配、调度和应用服务；而其他企业则主要通过部署托管服务器集群或者租用数据中心的服务器为自有业务提供技术服务等。“东数西算”影响下，随着各行业企业上云进程的加深，同时出于安全、成本考虑，单一的公有云或私有云已经不足以支撑日益复杂的用云需求，未来产业链下游各行业应用用户对跨平台、跨地域业务部署的需求更加明显，用户将越来越倾向采用多云或混合云架构。根据 Flexera《2022 年云状态报告》，有 89%的受访企业在 IT 架构上选择多云战略，而选择多云战略的企业中有 80%选择混合云。

“刚才我们一起对国内数据中心产业环境做了整体把脉，这里面涌现出了很多重要趋势和重大机遇，但这不意味着这个产业就很‘祥和’，相反，我认为大的经营挑战在当下乃至未来几年可能更突出，从前期多次交流中，我也能感受到大家心里是有不少困惑的，我想请各位资深经营者一起打开思路来聊聊。”咨询 A 随后开启了第二个小议题——产业面临的经营挑战。

第 2 章 数据中心产业面临的挑战

数据中心产业面临布局、建设和服务上的三大新挑战，如何更好地适应客户需求、监管要求和发展诉求，成为各类主体的关切点。

“那我先从数据中心产业发展最重要的资源布局来展开说说。”通信 B 结合产业实践谈了起来。

2.1 布局挑战：集群化资源需求

如前所述，数据中心行业进入新的发展阶段，集群化就是其中的核心特征之一，一方面从政府顶层规划的角度，全国一体化大数据中心体系建设要求数据中心集约化部署，并且提出集群外原则上是限制建设的；另一方面，在企业加速上云、加快数字化转型的需求背景下，不同类型客户对集群选址、机房标准、网络条件、服务响应的要求存在很大差异，这些均对服务商集群化资源部署能力提出挑战，具体来看一下。

2.1.1 互联网客户需求

以 AZ 设置推动集群部署，150km 光缆距离范围的三 AZ 部署是主流要求。阿里云等头部云商每个区域设置多个 Region（分区），单 Region 双 AZ 起步，三 AZ 是主流，AZ 以园区形式，数据中心数量可多个，同时伴随分布式云的发展，“一大多小”（中心节点为大型园区，与周边多个小规模数据中心互联，组成多 AZ 集群）形式下的多 AZ 需求也逐步增强。头部云商资源部署情况如图 2-1 所示。

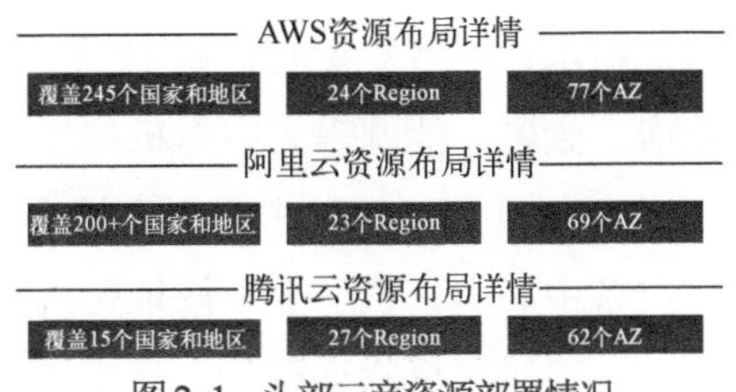

图 2-1　头部云商资源部署情况

数据来源：企业官网。

IDC 集群中的 IDC 机房选择标准为：等级要求国家 A 级/T3+，绿色等级 5A 是加分项，安全要求等保三级，AZ 间光缆距离 30～150km，机房空间要求主节点 1000 机柜起步（一般按照独栋机楼按 5kW 以上单机柜功率配置），容量可持续扩展。

IDC 集群中的 IDC 网络选择标准为：Region 网络要求大 AZ 间及大小 AZ 间实现双路由互联，小 AZ 间按需连接；AZ 间具备百 GB 以上互联能力，RTT 时延≤2ms；每个 region 设两个集群出口节点用于对外网络连接。云数据中心网络要求 DC 内部 100/400Gbps 互联，服务器 10/25Gbps 智能网卡。在这些基础要求之上，对网络容灾和调度编排也提出相应要求，其中网络容灾需实现 SLB 的跨 Region、跨 AZ 容灾，管理面+业务面双活，对象存储 3AZ 多活；调度编排要求多网接入，一周内实现开通，具备 5G+云网一体多业务运营运维能力。

2.1.2　行业客户需求

私有云属地化布局，行业云和多云面向区域热点城市多点布局。参考云商以 AZ 作为集群节点部署形式，对行业客户多 AZ 的集群需求展开分析可知，由于行业客户上云需求持续旺盛，行业客户集群需求集中体现在私有云、行业云与多云 3 个方面。私有云常规容灾备份需求以“两大一小”为主，属地化布局，设施要求高；行业云是近中期主流趋势，主要面向 4+4 区域热点城市“一大多小”布局，设施要求相对较低；多云未来需求旺盛，注重设施的性价比。行业客户主要需求场景如图 2-2 所示。

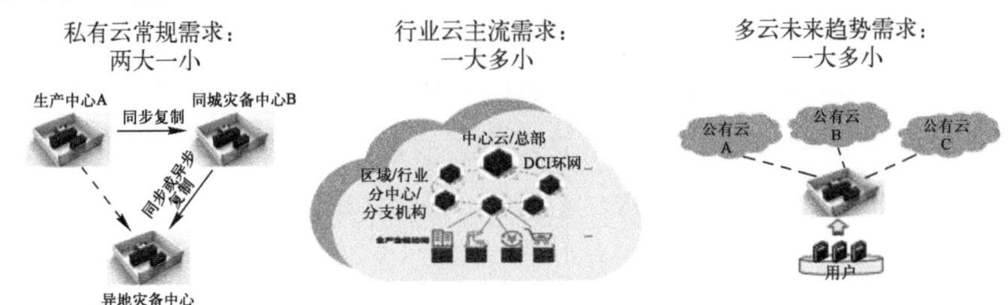

图 2-2　行业客户主要需求场景示意图

数据来源：中国通服数字基建产业研究院绘制。

（1）私有云容灾备份等常规需求：单客户定制，以 IT 系统上云、信息系统自主可控、容灾备份等为典型场景，以政府、金融、能源等大中型机构/企业为主，主要集中在东部等热点省份。集群网络方面，生产中心-同城 IDC 中心要求裸光纤直连，RTT<1ms，要求不同数据中心园区，规模较异地灾备中心大。机房要求属地化机房（政务同城≤50km，金融≤70km，异地灾备一般不出省）、专属区域物理隔离、远端监控、专线、低弹性扩容；资质要求等保三级及以上、业务连续性管理及运行服务管理资质认证，其中金融行业普遍要求国家 A 级机房。

（2）行业云等中长期主流需求：主要场景可分为政府主导下的区域/行业分级分中心汇聚；头部企业主导下的分支机构/产业链向总部/行业云头部企业汇聚两大类，前者典型如国家工业云体系，后者典型如工业（南方电网、韶钢等）、金融（四大行等）、零售、交通等行业客户。契合星型业务部署结构，集群资源部署也呈现“一大多小”形态，对于政府主导型，单中心规模较大（超 200 机柜），集群规模 2000 架以上；对于头部企业主导型，单中心规模较小，集群规模 1000 架以上。机房配置要求与私有云机房配置要求保持一致，区域选址要求相对宽松，较高弹性按需扩容，机房等级方面相对较低（B 级以上，金融行业要求 A 级）。

（3）多云/混合云是未来趋势需求：主要满足工业自动化、金融服务、媒体娱乐、医疗保健等混合云+多公有云架构，安全合规、低延时和成本、快捷交付、灵活拓展需求。集群要求“一大多小”，单中心 500 机柜起步，RTT<1.5ms，容量可持续扩展。机房设施要求虚拟隔离、公网连接、低成本高弹性按需扩容，资质方面更加注重性价比，机房等级要求相对较低（B 级以上）。

可以发现，随着客户业务发展，客户对集群化需求不断演化升级，呈现从单节点向多节点、单节点规模持续扩大趋势。同时，对集群的部署位置、容量的可扩展性、机房的规格以及集群内的网络条件要求都较高，对数据中心企业集群化部署能力提出巨大挑战，一方面集群建设涉及多个数据中心园区以及集群内的网络建设，资金投入压力大；另一方面，为了能快速满足客户需求，需要数据中心企业提前规划部署，如何精准提前部署也是一大难题。比如某数据中心服务商在接到某云商在北京部署 3AZ 的数据中心集群需求时，由于此前未提前部署相应集群资源，为了满足客户需求、不丢单，最终将集群部署在合作机房中，对集群的掌控程度明显降低。

另外，对于数据中心企业来讲，面向智算发展新趋势，如何做好布局，抢抓机遇也是当前的一大重点课题。从需求来看，当前国内 AI 算力需求呈现消费级与行业级多样化、中心大规模训练与边缘多点推理两极化的趋势，其中云游戏、云视频等场景以消费级 GPU 算力需求为主，同时不断向边缘侧下沉，而大模型及行业应用则更多以 A100 等行业级 AI 算力需求为主，当前以云商大规模集中部署、服务自有大模型研发为主。在此需求趋势下，对于数据中心服务商，是否集中大规模部署智算资源成为一个抉择。一方面，大模型等 AI 算力资源一卡难求，集中化部署难度高、成本压力大（2023 年 3 月，一枚 A100 的价格已经从年初的 6 万元左右涨至 9 万元，甚至一度超过 10 万元，涨幅超过 50%）；另一方面，部分规模化需求互联网企业已通过自建满足，尤其是大模型方面，云商以及商汤科技等头部企业均自建智算资源满足其规模化的算力需求。因此，对于数据中心企业而言，面向腰部互联网及垂直行业大模型、规模化渲染等场景的行业级中心智算池以及消费级边缘智算池将是未来布局的一个方向。

“刚刚通信 B 讲得特别好，其实不仅仅是数据中心企业面临推进资源集群部署的难题，我们政府部门在落实推进数据中心集群建设以及智算规划布局时也同样面临困惑。”政府 E 也将自己的一些困惑一并提了出来。

一方面，本省/市要不要建集群？集群规模建多大？建在哪儿？当前在“东数西算”工程建设的背景下，“4+4”区域明确要建集群，也明确了集群范围，那对于其他非枢纽省份，要不要推进集群建设呢？如果不建设，它们的需求能否由在建的十大集群满足呢？这些也是需要统筹考虑的。另外关于集群建设规模方面，前两年新基建窗口之下，大量数据中心项目上马，存在一定的投资泡沫，那对于全国、枢纽节点以及非枢纽的省市而言，产业发展所需要的数据中心规模到底是多大，也是需要经过科学测算的，才能避免盲目建设导致的资源浪费（如低上架率等）。

另一方面，随着集群的建设发展，应该如何滚动延展？我们可以看到当前“东数西算”集群建设所涉及的数据中心基本只批复了起始指标，且部分所涉及市、县提出本地承载的数据中心体量有限。那么随着本地产业发展，数据中心上架率不断提高，省/市是否需要设立拓展区作为区域内新增集群？设立拓展区的时机是什么？选取标准是什么？

此外，智算当前处于高速建设期，政府要不要统筹集群化部署？据初步统计，我国智算中心加速落地，在建及拟建智算中心数量较已投运智算中心数量翻倍、规划智算规模较在用智算规模增长近六倍。考虑到传统数据中心前期自由化发展、后期政府统筹集群化部署难度较大，智算中心尚处建设发展初期，是否要从开始就做统筹部署？智算中心的集群设置是否要与现在的数据中心集群保持一致？还是结合智算需求以中心城市为核心做集群部署？

政府 E 感叹道："诸如此类的问题，在我们政府工作推进中常常会提出来，希望我们后续的研讨能够理出一些头绪。"

2.2 建设挑战：低碳化监管要求

"自 2020 年 9 月，习近平主席在第七十五届联合国大会上提出"3060"目标以来，国家加快构建"1+N"双碳政策体系，推动各行各业实现碳达峰与碳中和，对于数据中心，国家及地方也加大了低碳监管力度，要求推进数据中心节能降耗和可再生能源使用。国家和地方为什么要加大数据中心节能监管要求？具体节能监管包含哪些方面？而在监管下，企业和政府面临的挑战包含哪些？"通信 B 在阐述完相关背景后一连问了几个问题，咨询 A 回应："我在现有项目中对上述问题已做过相关分析和总结，可以跟大家分享一下"。

2.2.1 监管原因及要求

1. 监管原因

（1）数据中心是数字经济发展的坚实底座，在双碳目标下，推动数据中心低碳发展是国家及各省推动数字经济高质量发展的重要路径之一

随着数字经济的快速发展，数据成为新的生产要素，算力的提升对数字经济和 GDP 的提高有显著带动作用，以数据中心为载体的算力基础设施是赋能产业数字化转型的关键力量。根据《2021—2022 年全球计算力指数评估报告》显示，算力指数每提高 1 点，国家的数字经济和 GDP 将分别增长 3.5‰和 1.8‰。但数据中心具有强耗能属性，在国家"能耗双控"向"能碳双控"转变的大背景下，各地面临能耗与发展双重压力，推进数据中心低碳发展，成为国家及各省平衡可持续发展的重要战略。2021 年 8 月，国家发展改革委印发《2021 年上半年各地区能耗双控目标完成情况晴雨表》，如图 2-3 所示。表中显示 8 个地区上半年能耗强度不降反升。进入十四五之后，各省面临能耗管控的巨大压力，然而数字经济发展越来越离不开算力生产力，因此加快推进数据中心的能碳管控，推动数据中心与本地资源禀赋的融合发展，将成为各省发展破局的有效路径。

地区	2019年双控目标考核结果	2020年前3季度		2021年前1季度		2021年上半年	
		能耗强度降低进度目标预警等级	能耗总量控制进度目标预警等级	能耗强度降低进度目标预警等级	能耗总量控制进度目标预警等级	能耗强度降低进度目标预警等级	能耗总量控制进度目标预警等级
北京	超额完成	○	○	○	○	○	○
天津	超额完成	○	○	○	○	○	○
河北	完成	○	○	○	○	○	○
山西	完成	○	○	◍	○	◍	○
内蒙古	未完成	●	●	○	○	○	○
辽宁	基本完成	●	○	◍	○	◍	○
吉林	完成	○	○	○	○	○	○
黑龙江	完成	●	○	◍	○	◍	○
上海	超额完成	○	○	○	○	○	○
江苏	完成	○	○	◍	●	●	●
浙江	完成	●	●	●	●	◍	○
安徽	超额完成	◍	●	◍	◍	◍	○
福建	超额完成	○	○	◍	◍	●	●
江西	完成	○	○	◍	◍	◍	○
山东	完成	○	○	○	○	○	○
河南	超额完成	○	○	◍	○	◍	○
湖北	完成	○	○	○	●	○	●
湖南	完成	○	○	○	○	○	○
广东	超额完成	●	◍	●	●	●	●
广西	完成	●	○	●	●	●	●
海南	完成	●	○	○	○	○	○
重庆	超额完成	○	○	○	○	○	○
四川	超额完成	○	○	◍	○	◍	◍
贵州	完成	○	○	◍	◍	◍	○
云南	完成	○	●	●	●	●	●
陕西	完成	●	○	◍	○	●	◍
甘肃	超额完成	○	○	◍	○	◍	○
青海	完成	○	○	●	◍	●	●
宁夏	完成	●	●	●	◍	●	●
新疆	完成	◍	○	●	○	●	◍

图 2-3　各地区 2019—2021 年上半年能耗双控指标情况

数据来源：国家发展改革委。

注：图中蓝色表示一级预警，灰色为二级预警，白色为三级预警。不同年份划分标准存在差异。国家发展改革委暂未更新晴雨表。

（2）我国能源消费不够平衡，推动数据中心等关键基础设施开展绿能替换是助力能源消费结构转型的重要途径

截至 2021 年，我国能源消费仍以化石能源为主，占比达 83.4%，非化石能源消费比重仅占 16.6%，能源消费不均衡。2022 年 5 月，国务院印发《扎实稳住经济一揽子政策措施》，提出在安全清洁高效利用的前提下有序释放煤炭优质产能，抓紧推动能源项目实施。作为关键的数字基础设施，数据中心目前仍以火电消费为主，存在能效普遍高（PUE>1.49）、能源使用不安全等问题，提升数据中心绿色电能的使用水平，推进数据中心绿能安全替换，将助力全国能源消费结构转型。

2. 监管要求

国家层面与省级层面均从管控数据中心能耗指标、推动应用创新节能技术和利用可再生能源等方面推进数据中心低碳化建设。

（1）国家层面

在新建数据中心方面，至2025年，要求全国新建大型、超大型数据中心电能利用效率（PUE）降到1.3以下，“东数西算”东部枢纽节点集群内PUE要求小于1.25，西部枢纽节点小于1.2；东部枢纽节点可再生能源利用率在区域内普遍大于30%，集群内大于50%；西部枢纽节点可再生能源利用率在集群内大于50%，具体八大节点PUE与可再生能源要求见表2-1。

表2-1 “东数西算”枢纽节点PUE与可再生能源要求

八大核心枢纽节点	PUE与可再生能源要求
京津冀	十四五末区域内平均PUE不超过1.3，集群内平均PUE不超过1.25 十四五末区域内可再生能源使用率大于30%，张家口集群内可再生能源使用率大于80%，廊武集群内可再生能源使用率大于50%
长三角	十四五末区域内平均PUE值小于1.3，集群内平均PUE值小于1.25 十四五末可再生能源使用区域内大于30%，集群内大于50%
粤港澳	十四五末规划落地本省的数据中心平均PUE值小于1.3，韶关数据中心集群内平均PUE值小于1.25 十四五末广东省区域内数据中心可再生能源使用率达到30.5%，韶关数据中心集群可再生能源使用率达到67%
成渝节点	十四五区域内数据中心平均PUE值≤1.3，集群内平均PUE值≤1.25 十四五区域内可再生能源使用率≥66.1%，集群内可再生能源使用率≥65.8% 十四五建设绿色先进中心数量≥5个
甘肃节点	十四五末计划实现区域内平均PUE值小于1.20，平均WUE值小于0.6，可再生能源使用率区域内大于80%，集群内大于85%
贵州	十四五末区域内平均PUE值小于1.3，集群内平均PUE值小于1.2 十四五末可再生能源使用区域内大于30%，集群内大于50%
内蒙古	十四五末区域内平均PUE值小于1.3，集群内平均PUE值小于1.2 十四五末可再生能源使用区域内大于30%，集群内大于50%
宁夏	十四五末计划实现区域内和集群内平均PUE值均≤1.20，平均WUE值≤0.8，可再生能源使用率区域内≥60%，集群内≥65%

数据来源：八大枢纽节点建设方案，中国通服数字基建产业研究院。

在数据中心节能改造方面，国家要求推动老旧基础设施转型升级，对PUE超过1.5的数据中心进行改造，鼓励企业使用高效节能机电配套、储能装置、分布式能源等系统产品，鼓励使用合同能源管理模式予以改造，节能改造要求如下。

- 鼓励使用高效节能产品：鼓励采用新型机房精密空调、液冷、机柜模块化、余热回收利用等模式，应用高密度集成等高效 IT 设备、高压直流等高效供配电系统、能效环境集成检测等高效辅助系统技术产品。
- 鼓励使用储能装置：鼓励选用动力电池梯级利用产品作为储能和备用电源装置。
- 鼓励使用清洁能源：鼓励企业探索建设分布式光伏发电、燃气分布式供能。
- 鼓励使用合同能源管理模式进行改造。

推动可再生能源设施建设与数据中心融合发展。国家在《加快电力装备绿色低碳创新发展行动计划》《"十四五"可再生能源发展规划》等政策文件中，提出推动光伏与大数据中心融合发展；围绕大数据中心等用户，发展新型储能+分布式新能源、微电网、增量配网等；要求在 IDC 等领域部署"光伏+"综合利用行动。在大数据中心周边地区，因地制宜开展新能源电力专线供电。

（2）省级层面

在国家政策下，重点省份持续推进数据中心低碳监管，监管强度与力度普遍更高，出台了多个专项政策，指导数据中心建设、改造以及数据中心可再生能源利用。

在数据中心新建方面，强化新建大型/超大型数据中心能耗指标，例如到 2025 年，重庆要求新建大型、超大型数据中心电能利用效率指标（PUE 值）不高于 1.25，贵州要求新建大型、超大型数据中心电能利用效率指标（PUE 值）不高于 1.2；北京对新建、扩建数据中心进行专项整治，按能源消费等级管控数据中心 PUE，根据数据中心 PUE 进行差别电价管控，鼓励数据中心可再生能源利用占比按每年 10%增长。以下是北京市《进一步加强数据中心项目节能审查若干规定》的要点。

- **审查对象：**本市范围内新建或改扩建的年能源消费量达到 1000 吨标准煤（含，电力按当量值计算）或者年电力消费量达到 500 万 kW/h（含）以上的数据中心项目。
- **可再生能源利用要求：**新建及改扩建数据中心应当逐步提高可再生能源利用比例，鼓励 2021 年及以后建成的项目，年可再生能源利用量占年能源消费量的比例按照每年 10%递增，到 2030 年实现 100%（不含电网既有可再生能源占比）。
- **PUE 要求：**新建、扩建数据中心，年能源消费量小于 1 万吨标准煤（电力按等价值计算，下同）的项目 PUE 值不应高于 1.3；年能源消费量大于或等于 1 万吨标准煤且小于 2 万吨标准煤的项目，PUE 值不应高于 1.25；年能源消费量大于或等于 2 万吨标准煤且小于 3 万吨标准煤的项目，PUE 值不应高于 1.2；年能源消费量大于或等于 3

万吨标准煤的项目，PUE 值不应高于 1.15。

- **电价管控**：对于超过标准限定值（PUE 值 1.4）的数据中心，将按《北京市完善差别电价政策的实施意见》（京发改〔2015〕1359 号）中超过单位产品能耗限额的情形，确定执行差别电价单位的名单，并通知北京市电力公司按月征收差别电价电费。对于 PUE>1.4 且≤1.8 的项目（单位电耗超过限额标准一倍以内），执行的电价加价标准为每度电加价 0.2 元；对于 PUE>1.8 的项目（单位电耗超过限额标准 1 倍以上），每度电加价 0.5 元。

在数据中心节能改造方面，重点省市制定数据中心节能改造政策，特别北上广浙等重点省市的节能改造政策力度较强，具体节能改造要求如下。

- 改造目标：北京、浙江、广东、甘肃等地要求大型数据中心或者云计算数据中心，改造后 PUE 不超过 1.3；中小型数据中心改造后 PUE 不超过 1.4；边缘数据中心改造后 PUE 不超过 1.5。上海要求改造后的数据中心 PUE 不超过 1.4。浙江省开展数据中心能效提升专项行动。
- 改造要求：鼓励采用液冷、模块化电源、模块化机房等高效系统设计，光伏发电、余热回收等绿色节能措施，加强在设备布局、制冷架构等方面优化升级；推动智能服务器、信息化系统、热场管理等先进技术产品应用。

以《浙江省推动数据中心能效提升行动方案（2021—2025 年）》政策为例，要求持续推进布局优化、提升算效、应用创新节能技术，具体如下。

- 强化统筹布局：加快长三角国家枢纽节点建设，新建大型及以上数据中心原则上布局在集群范围内。对于省内数据中心整体上架率（建成投用 1 年以上）低于 50%的运营单位，不支持新建大型和超大型数据中心项目。
- 提高算力能效：加强区域资源统筹整合，实施省内一体化算力调度、“东数西算”，提升数据中心利用率，对已建数据中心开展“整合一批、改造一批、淘汰一批”（2022—2025 年有 86 个数据中心要完成改造，29 个数据中心进行整合，31 个数据中心淘汰）。
- 创新节能技术：支持数据中心采用新型机房精密空调、高效电源设备、液冷技术、机柜式模块化、削峰填谷应用、余热综合利用等方式建设。

在可再生能源应用方面，持续推广绿电应用，如宁夏发布《关于促进全国一体化算力网络国家枢纽节点宁夏枢纽建设若干政策的意见》，支持中卫数据中心集群和其他有条件的数据中心建设“绿电园区”，加快布局实施一批源网荷储一体化和光伏电站等项目。积极支持宁夏数字公司、数据中心企业采用绿电直供、源网荷储一体化等方式参与绿电市场交易和“绿电园区”建设。畅通绿色电力采购渠道，建立绿色电力碳排放抵消机制，鼓励企业积极购买绿色电力。

2.2.2　监管面临的挑战

“国家推进数据中心低碳化监管，对数据中心市场主体和地方政府均带来一定挑战。在企业层面，市场主体在选址与节能技术应用、可再生能源获取、运营成本管控等方面均存在困难，而地方政府主要在降低企业可再生能源用电成本、数电融合机制优化等方面面临较大挑战。”咨询 A 接着说着。

1. 企业层面

（1）市场主体在选择适配性较高的全生命周期节能降碳技术上存在困难

在国家及地方政策驱动、市场需求引导下，建设绿色数据中心大势已是所趋。绿色数据中心建设要综合考虑全生命周期过程中的节能降碳，需要在设计、建设、使用、维护过程中，充分应用节能技术，例如设计阶段考虑数据中心建设周期、投入、机房扩容设计，建设阶段考虑建筑环保，使用阶段考虑 IT 设备、空调设备、供配电系统等技术应用，运维阶段考虑智能运维的落地。但技术应用一方面需考虑当地政策要求、IT 设备特点、区域气候条件等条件，另一方面还需考虑项目投资回收期、节能效益等因素。因此，数据中心新技术应用和创新需要充分衡量技术带来的成本增加以及技术风险，导致数据中心市场主体在选择适配性较高的技术时存在困难。

（2）可再生能源获取途径与比例存在不确定性，“洁能”与“节能”协同存在挑战

为满足绿色发展要求，推动数据中心低碳升级，提高清洁能源应用比例成为重要途径之一。但由于不同区域的风、光、水、电等资源不同，数据中心市场运营主体可获取的可再生能源规模也不同，同时还可能存在可再生能源优先满足八大高耗能行业的情况，致使数据中心企业在可再生能源获取途径寻找、获取比例提升方面面临更高成本。此外，数据中心企业在保证数据中心用能绿色化的同时，还需注重供能系统的能效优化，如储能的使用会一定程度上提高 PUE 值；也要慎重考虑绿色用能带来的安全稳定问题，需要考虑多种能源协同组合，完善供能系统。

（3）PUE 管控及节能审查强度的升级导致数据中心市场主体运营成本大幅提高

在数据中心 PUE 降低方面，相对于 1.35，PUE 达到 1.2，单机架成本增加超 1 万元，PUE 若要求达到 1.2 以下，需要采用液冷，单机架成本增加约 5 万元，若考虑服务器定制，其成本至少是传统方式的 2～3 倍。

下面是典型的数据中心 PUE 造价解读——以采用 8kW 机架为例加以说明（数据来源：中国通服数字基建产业研究院）。

- PUE 若想达到 1.35：采用传统水冷冷冻水空调系统（冷却塔+水冷主机+板换）形式，造价约 2.23 万元/kW（包含土建及机电，不含服务器投资，余同），单机柜造价 17.84 万元/架。
- PUE 若想达到 1.20：空调系统应采用间接蒸发冷却机组/模块热管多联系统，供电系统采用市电直供+巴拿马电源+智能小母线，造价约 2.37 万元/kW，单机柜造价 18.96 万元/架。
- PUE 若想达到 1.10：则空调系统应采用冷板式液冷，供电系统采用市电直供+巴拿马电源+智能小母线，造价约 2.825 万元/kW，单机柜造价 22.6 万元/架。或采用浸没式液冷，供电系统采用市电直供+巴拿马电源+智能小母线，造价约 2.975 万元/kW，单机柜造价 23.8 万元/架。若包含定制化服务器的价格，冷板式液冷的投资是传统方式的 2～3 倍，浸没式液冷是传统方式的 3～4 倍。

在可再生能源应用方面，绿电价格相较于煤电和火电，溢价 2～5 分左右，不同区域根据双碳管控力度不同，溢价不一致。例如根据公示信息，2022 年广东绿电长期交易协议成交均价较煤电基准价高 6 分/kW·h，较火电成交均价高 1.7 分/kW·h。

（4）增加的成本将导致高价滞销或延长投资回收期，对企业经营带来重大冲击

一是打破现有价格体系，导致售价提升，同时由于大客户普遍要求租电分离模式，使得服务商无法获得 PUE 压降带来的收益（大客户从 PUE 压降中节省了大量成本，且往往不会与服务商分享），因而只能将成本转移到机柜和带宽上，高价格对客户而言并没有带来同等实质性的价值，故导致滞销问题。

二是即使政策做价格调控，企业不做涨价或者小幅涨价，也会产生企业资产回报达不到预期的重大风险。

2. 政府层面

（1）地方政府在降低企业可再生能源用电成本上存在挑战

目前除了区域自然条件优越的省份，大部分省市的可再生能源生产较少，并且生产的大部分可再生能源主要供给八大高耗能行业，加上数据中心绿电直供、源网荷储等模式仍处于初级阶段，从而导致数据中心可再生能源价格普遍高于普通工业用电。如何降低可再生能源价格，推动数据中心规模使用可再生能源以降低能耗成为较大难题。

（2）地方政府在探索东西数电融合的模式与机制创新存在难点

我国东西部绿电生产与数据中心需求失衡，存在东部数据中心需求高、绿电生产少，西部数据中心需求低、绿电资源丰富的现象。尽管在国家“东数西算”政策下，有部分企业的算力需求向西部转移，但西部数据中心整体上架率仍然较低，而推动企业算力向西部转移，仅单一方努力是不够的，需要东西部联动推进。目前东西部数电融合机制与模式薄弱，落地案例少，整体模式与机制亟待创新。

2.3　服务挑战：智能化服务需求

2.3.1　智能化需求趋势

需求升级推动服务升级。前面讲到，我国数据中心产业进入新阶段，数据中心不再是仅提供粗放资源的“物业中心”，而是向着具有服务性质的算力中心演进升级，同时单纯的资源租赁已无法满足客户的数字化载体需求，数据中心的服务水平和服务能力越来越受重视。

对此，通信B深有感触：“作为运营商，我们深刻感受着这20年来国内数据中心市场需求的变化升级。之前运营商在自己的通信楼里搭建一个机房，放上机柜、连上网络就可以对外提供服务了。现在随着客户业务复杂度的提升，对数据中心的需求也随之升级，头部的互联网客户有相对成熟的技术团队，核心运维、应用安全他们自己就可以搞定，但仍需要我们提供基础运维、网络优化、安全保障类的增值服务；而中小互联网客户及传统的行业客户则需要我们提供一体化、定制化的数据中心行业解决方案，特别是随着算力需求兴起，未来算力产品及相关方案将会成为需求升级的主流趋势之一。”

行业竞争倒逼服务升级。“新基建”“东数西算”等政策使国内数据中心市场持续升温，运营商、第三方服务商、跨界服务省等纷纷把握政策窗口，大力建设数据中心，使得区域市场短期供给过剩，资源低价竞争现象严重。据市场调研了解，如图2-4所示，华东地区低价竞争现象最为明显，在参与机柜项目竞标过程中，头部几家第三方服务商均报出20～300元/kW（不含电）的价格，该价格仅能覆盖基础税点。未来随着资源同质化趋势的不断深化，预计整体资源低价及局部资源超低价竞争的情况会一直持续。因此，强化数据中心服务能力，打造差异化竞争优势成为服务商推进低价竞争向高价值服务转型的关键。

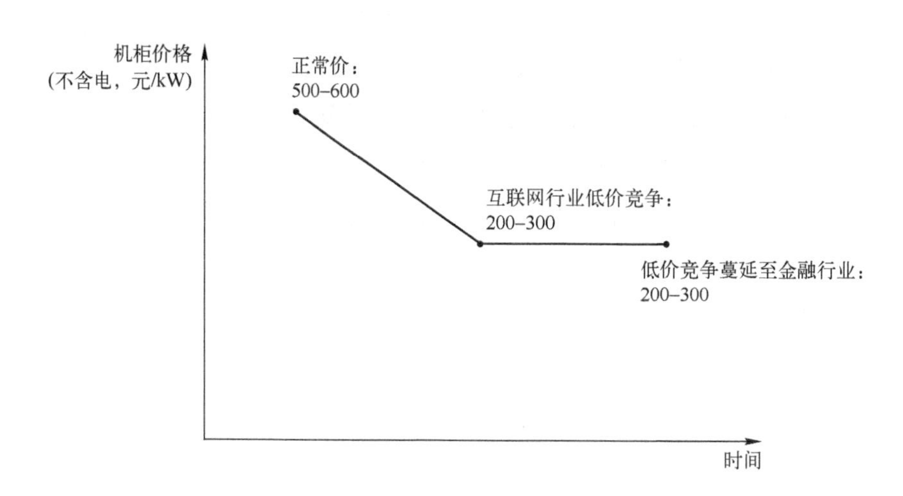

图 2-4 数据中心成本变化趋势示意图

数据来源：中国通服数字基建产业研究院。

智能化服务需求呈现出云网安融合、云边协同、算数一体的特性。首先，云网安融合是数字时代的内在需求。万物皆可云的时代，智能云网成为新时代的“电网”，云网融合成为必选项，安全也需要同步进化到内生式安全，即通过设备安全、网络安全、管控安全和业务安全等实现立体化的安全保障。其次，云边协同助力云计算进入普惠发展期。边缘计算是云计算向边缘侧分布式拓展的新触角，现实生活中的各种复杂的需求场景的处理需要云计算高效率计算与边缘计算低时延服务紧密协同，从而最大化云计算和边缘计算的应用价值。我国边缘计算市场稳定增长，2021 年我国边缘计算市场规模达到 436.4 亿元，其中边缘硬件规模市场为 290.2 亿元，边缘软件与服务市场规模达 146.2 亿元，预计年平均增速超过 50%，2024 年边缘计算市场整体规模达 1803.7 亿元，增长空间广阔；同时，根据公开数据整理，2021 年，中国垂直行业和电信网络（MEC）边缘计算服务器（含通用服务器和定制服务器）市场维持了强劲的发展势头，市场规模进一步扩大到 4.8 亿美元，同比大幅增长 75.0%；据 IDC 预测数据，到 2025 年超过一半的数据需要依赖终端或者边缘的计算能力进行处理。最后，客户对数据中心算力及性能的需求推动算数一体发展。高性能计算类应用的发展，驱动算力需求不断攀升，客户对数据中心的需求从传统的服务器租赁向异构算力服务演进。通过打造 x86 架构、ARM 架构、CPU、GPU、DPU、FPGA 等的高质量异构算力池，融合 SRv6、APN6、OSU、OXC 高质量算网能力，为客户提供算力灵活调取、算网统一编排的一站式服务成为算力服务新抓手。

2.3.2　智能化需求痛点

面对全新的智能化服务需求，传统的运营商及第三方服务商均在大力推进服务能力转型尝试，但数据中心智能化需求的满足仍存在以下痛点。

首先，数据中心智能化产品视图尚不清晰。智能化服务是数据中心从资源型业务向服务型业务转型阶段下展现的新特征，对传统的数据中心服务商来说，自身正处于转型期，缺乏经验积累，“应建设什么样的数据中心智能化产品和服务？”是服务商在智能化转型时提出的第一个问题。

其次，数据中心智能化产品建设缺乏路径。把握产品建设的重点抓手是进行市场开发的前提。在产品建设初期阶段，服务商应明确重点发展哪种或者哪几种重点产品、各类智能化产品建设的先后顺序如何、建设的核心内容是什么，而从目前市场反馈来看，这些仍是服务商的核心困惑点之一。

最后，市场开发缺乏明确规划。一方面，数据中心与云计算、算力是相辅相成的关系，三者在服务功能定位上具有一定同质性和互补性；云计算以数据中心为物理底座，数据中心本身也可以提供服务器租赁等相关算力服务；算力与云计算也存在着千丝万缕的联系，算力更多强调小颗粒、物理属性、异构化的计算能力，云计算则以规模化、虚拟化的通用算力池为核心。对于转型期的数据中心服务商来说，区分数据中心与云产品、算力产品界面，进入正确的竞争赛道是打造数据中心智能化产品的关键一步。另一方面，相较于基础产品的成熟模式，智能化产品业务模式存在更多想象空间，产品渠道、定价、人员配置及考核机制等问题也是智能化产品建设需要思考的。

为避免数据中心落入同质化竞争的窠臼，服务商需在整合自身优势条件的前提下，梳理产品目录，把握不同行业类型客户需求特征，明确产品开发路径，对应开发重点智能化服务产品，厘清产品渠道、定价、考核等落地问题，在数据中心新的发展阶段中形成差异化优势，稳步推进业务转型发展。

2.3.3　智能化服务挑战

增值服务对数据中心业务的收入贡献逐年增加，但挑战仍有不少，部分服务商，如运营商等，其增值服务发展仍较慢，仍未找到有效发展路径。从 2015 年到 2020 年，数据中心增值服务收入占比从 13%逐步增长至 20%，数据中心增值业务收入与基础业务收入呈“二八”分布。基于市场调研，如图 2-5 所示，第三方服务商数据中心增值业务收入占比达 25%以上，而运营商数据中心业务中增值业务收入占比仅为5%左右，差距明显。

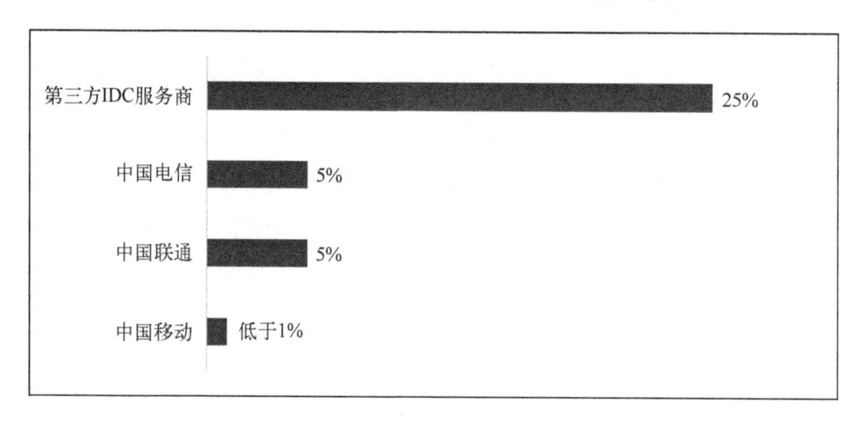

图2-5 各厂商增值业务占总体业务比重

数据来源：中国通服数字基建产业研究院。

以智能运维服务为例，运营商受开发动力、自身体制等多方面因素限制，至今仍未形成成规模的数据中心对外运维产品。具体来看，运营商受体制影响，前期对运维服务重视程度较低。智能化运维能力的提升可以在优化自身数据中心机房运营成本的基础上打包对外运维产品，而运营商作为国企，相较第三方服务商，对成本项关注力度不够，数据中心仅保证连续性服务的能力，导致自身运维能力偏弱。另外，由于前期积累较少，运营商侧自有运维人员普遍相对不足，对于运维产品服务项内容、收费模式设计等不够清晰，造成产品开发进度较慢，难以打造差异化优势。而第三方服务商受利润导向驱动，在缩减自身机房运营成本的基础上，强化运维能力建设，从而实现运维能力的对外输出，提升收入。

“挑战已经比较清楚了，也确实都是大的痛点，那么，如何应对呢？”大家纷纷小声议论着，迫切希望咨询A能够给出一些答案。此时，咨询A环顾一周，微笑着说：“针对上述挑战，下面我来谈谈：数据中心的经营之道。”

第3章
数据中心布局之道

布局之道强调数据驱动、多元建设和灵活投资，大量实践案例给出了真实经验。

3.1 以数据驱动为内核的科学布局

无论是计算中心、信息中心、云中心还是现在所处的算力中心阶段，数据中心资源一直是数据中心产业发展的关键竞争要素，同时数据中心资源投资大、建设及投资回收期长，因此“以需求为导向、适当前瞻布局”一直是数据中心企业资源布局的重要原则。需求在哪里、需求有多少，成为数据中心企业资源布局和业务经营需要回答的关键问题，在“东数西算”的新背景下，转移需求也成为新的关注点。

通信B说：“因此，我在想能不能建立一套模型，一方面去看看全国各地数据中心产业的内生需求有多大，另一方面关注东数西算将对全国需求分布带来何种影响。这算是对前面大家提到的集群化布局规模如何去设定的一种解题思路吧。”“提得好，我正有此意。”咨询A接下来从模型建设原则、模型建设思路及测算流程、关键参数构建等方面系统地阐述了关于他对科学布局模型的一些思考。

3.1.1 总体原则

数据驱动，科学测算。科学布局一定是基于大数据的预测模型，通过涉及政策、市场供需、技术等多维度、众多指标的大量数据，使用中位值法、归一化处理等多种数据处理方法、层次分析法、关键因素法、德尔菲专家法、分级权重法、趋势外推法等模型构建方法，定性定量相结合，科学测算全国/区域/省市数据中心需求。

需求为基，布局为纲。建议需求与布局分开阐述，需求以市场需求和技术导向为主，反映全国各地基于经济技术发展带来的实际数据中心需求（即内生需求，或者叫原生需求），但对于企业布局而言，除了考虑实际需求，也要考虑政策导向和供给条件，尤其是“东数西算”下带来的需求转移，因此建议布局模型以政策和供给导向为主，反映政策意志和资源条件承载能力，从区域到省自上而下层层分解。

交叉验证，优化参数。需求和布局两套模型，前者自下而上对各地数据中心实际需求做科学测算，后者从上至下层层分解各地数据中心实际可布局资源量，上与下、供与求，反向交叉验证，推动模型参数优化，使得结果更加科学、合理。

3.1.2 方法流程

如上所述，科学布局两套模型，其中，需求模型是基础，也是科学布局总体方法论的重要前置成果之一，在此基础上，增加对“东数西算”下转移需求的考虑，充分把握企业当前在各地的资源布局现状与经营情况，明确自上而下的布局方案。

1）测算数据中心产业发展指数（IDC Industrial Development Index，IIDI）。为了明确产业发展的内生需求和布局趋势，关键在于测算产业面向未来的综合发展指数。因此，需求测算的关键步骤之一就是测算各地的数据中心产业发展指数，该参数将贯穿整个科学布局模型，后文具体阐述相关的指标选取及测算逻辑。

2）历史趋势排摸输入。准确的历史基数是一切模型测算的基础，根据科学布局测算的范围（面向全国、面向区域、面向省内等），具体排摸对应的区域/省/市的 IDC 规模现状及历史发展增速输入，时间周期至少是近 3 年，历史数据覆盖年份越多越好，趋势和规律判断会更为准确。

3）行业总需求测算（各省市内生需求之和）。基于历史基数，考虑 IIDI 指数，综合测算行业未来总体需求空间。作为后续布局模型的关键输入。

4）布局方案确定。布局模型的关键在于解决资源布局总量和资源分布的问题，因此首先需要基于“东数西算”下的需求转移，考虑集群向周边、东部向西部的需求转移量；其次，基于企业目标份额，初步确定未来总体布局规模；最后重点处理区域内中心城市与集群城市的关系，明确布局由中心城市向集群城市的转移趋势，最终确定区域内未来布局的热点及规模量。

3.1.3　参数模型（IIDI）

数据中心产业发展指数（IDC Industrial Development Index，IIDI），是科学布局模型的关键，本书从业务市场洞察的常用维度政策、技术、市场需求和竞争出发，结合数据中心产业的特点，在代表性、独立性、可比性、客观性等指标选取指导原则下，构建涵盖三类十大指标以及众多子指标的 IIDI 测算模型。

1）指标选取指导原则。为了测算合理，指标选取需满足代表性、独立性、可比性、客观性四大基本原则。代表性原则，即最具有可行性又能准确地衡量数据中心产业发展状况，全面反映数据中心产业发展各个方面的特征和状况。独立性原则，即指标内涵清晰且相对独立。可比性原则，即具有普遍的统计意义，评价结果可以实现多个维度上的比较。客观性原则，即数据便于获取和采集，可操作性强，易于定量处理，权威可靠。

2）指标体系构建。本次模型最终构建了政策、市场和技术三个维度十大指标十数个子指标衡量各地数据中心产业发展潜力。其中政策重点考虑十四五规划增量与枢纽节点的申报增量两大子指标，体现国家及省市宏观层面对各地数据中心布局的牵引。市场类指标涵盖供需两侧，需求侧以本地的数字经济规模或者 GDP 等指标来表征，众所周知，数据中心是支撑数字经济的算力底座，两者是相辅相成的关系，因此建议以数字经济规模或者相关产业类规模为首要表征指标；供给侧主要考虑数据中心发展依赖的核心资源及配套，供给侧基础越好，数据中心需求转化成供给能力在当地落地的可能性越大。技术指标主要从数据中心发展相关的其他技术支撑能力，一般此类能力越好，当地的数据中心产业发展就越好。数据中心产业发展指数（IIDI）指标选取表见表 3-1。

表 3-1　数据中心产业发展指数（IIDI）指标选取表

政策		市场		技术		
十四五末规划机架增量	枢纽节点申报增量	需求： GDP、数字经济规模等	供给： 资源禀赋（地质/气象/能源） 综合成本（用地/用电/用人） 产业配套（大数据/物联网/云计算）	新基建指数	公有云指数	网络连接指数/算力发展指数

对数据中心进行科学布局可通过以下案例加以认识。

国内某大型数据中心服务商 A 是数据中心领域的头部企业，在全国各地均有数据中心资源部署。在“东数西算”新背景下，为了将有限资源精准投入到战略区域，亟须对自身资源进行全面梳理，依托科学布局模型，制定面向中长期的数据中心资源规划（该企业全国资源科学布局的预测路径如图 3-1 所示）。具体实践如下。

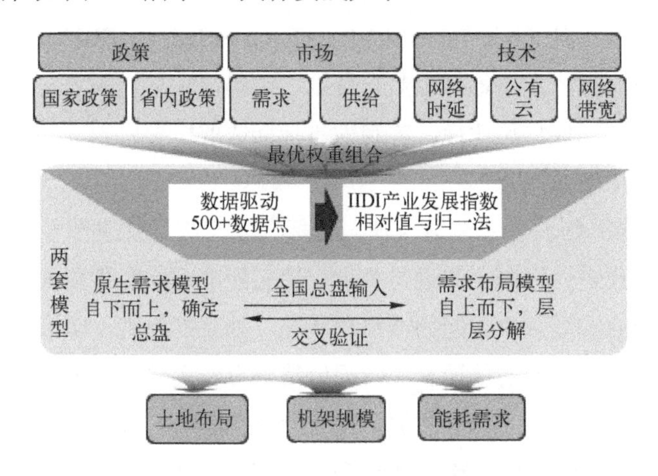

图 3-1 全国资源科学布局的预测路径

（1）需求模型，明确全国行业需求总量。该服务商基于需求模型，通过构建数据中心产业发展指数（IIDI 指数测算过程如图 3-2 所示），自下而上测算全国数据中心行业需求总量 2025 年将达 1270 万架（折合 2.5kW 标准机架），与信通院、发改委、工信部等提及的数据中心产业增速或规模趋势基本一致。

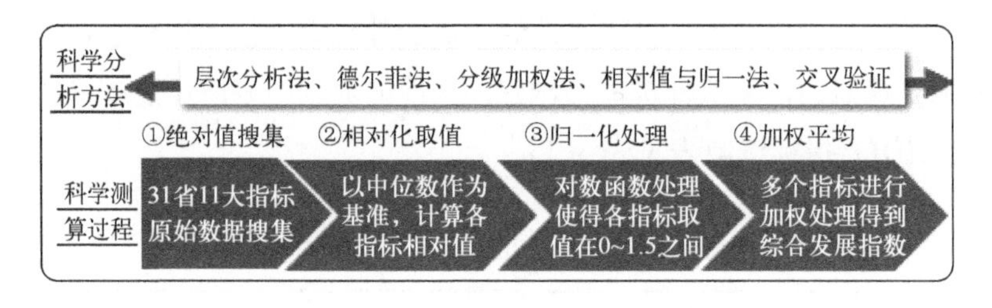

图 3-2 指标数据处理过程

（2）布局模型，把控企业布局总盘。该服务商基于需求模型，立足企业在行业中的竞争地位，统筹考虑“东数西算”对需求转移及承接的影响，从上至下打造四级解构布局模型（枢纽与非枢纽节点、东部与西部、区域间、区域内），其中，四级解构模型中最为关键的就是权重确定，每级指标选取 3 种权重，共排列组合 12 种权重参数，根据四级 12 组权重参数变量，测算出行业布局结果。以结果做交叉验证，用于核验的结果包括：IDC 整体集约化趋势符合度（检验一级权重）、东西资源均衡趋势符合度（检验二级权重）、四大区域定位与规模趋势符合度（检验三级权重）、区域内各省份资源规模趋势符合度（检验四级权重），最后综合选取较符合趋势的较优权重参数。最终，布局模型总体明确企业中长期布局总体规模、枢纽与非枢纽布局占比（约 4:1 左右）、东部省与西部省布局占比（约 6:4 左右）、区域枢纽内各省份规模等。

（3）构建省内布局模型，推动科学布局向下落实。该服务商为了充分验证科学布局的合理性，同时推动省层面数据中心资源规划更加科学合理，以科学布局方法论为指导，指导省内布局总量规划、关键节点规划。具体过程包括省内 IIDI 测算、省内行业需求规模测算，通过省内行业需求规模与本地目标份额，初步明确全省布局总盘和省内关键节点城市（选取需求规模较大的地市），同时针对枢纽节点所在省市，重点考虑集群城市和本省中心城市的关系，按照中心城市逐步向集群城市转移的原则，最终确定省内层次化布局的思路。

从最终实践效果来看，全国 31 省市自治区科学布局总增量与企业布局现状及布局动向总体保持较高一致性，该数据中心企业自上而下控制了资源总体布局规模及分布情况，同时，面向业务发展核心省，明确了省级节点选定及部署规模，并且结合省内机房实际状况，进一步明确数据中心园区选址及建设进度安排，真正实现了数据驱动、需求导向、精准建需匹配。与此同时，该模型也在其他同类服务商处获得了同样好的实践效果，不过不同主体在细节子指标选取以及权重设计方面充分考虑了企业自身现状，存在一定差异性，但行业整体需求规模、枢纽与非枢纽、东西部之间等总体比例关系基本遵循同样规律。

“咨询 A 讲的这个资源的科学布局很有意思，对我们政府统筹规划全域资源也很有帮助，”政府 E 接着说，“但我想政府视角下的数据驱动科学布局也有一些不同特点。”

总体来说，政府视角下的科学布局仍以数据驱动为内核，但应该更加关注宏观视角的产业及资源条件，其中需求侧要充分考虑地方数字经济及产业分布情况，供给侧既要考虑网络、土地、能耗等现有的资源配套基础，更要兼顾省市未来资源调配的考虑，比如省或市内总能耗在数据中心产业及其他产业之间的调配。同时，政府依托科学布局，可以有更多价值行动，如推动需求侧场景培育和创新，提振数据中心需求，推动供给侧条件优化，动态优化区域数据中心供需格局。

“听完政府 E 的意见和建议，我对数据中心未来的科学布局与规划越来越有信心了，我相信政企协同一定能推动数据中心产业高质量发展。”通信 B 展望到。“另外，说到数据中心高质量发展，智算中心是一个重大的机遇，那我就谈谈我对智算中心布局的一些想法和思考吧。”

如前面所言，智算需求的规模化和边缘化更加明显，小规模的边缘算力部署起来比较快，在满足条件的机房，放置数台服务器即可，因此无论是企业还是政府在智算布局其实更多的是关注上规模的智算中心。从数据驱动、科学布局的总体模型来讲，智算中心尚处高速发展的初期，政策统筹布局的方向尚未明确，建议需求、布局两套模型合二为一，总体仍然从政策、市场、技术等维度构建需求布局模型，政策层面聚焦地方高性能算力发展规划，市场层面需求侧要考虑智算与传统数据中心的差异性。从需求角度来看，较大规模的智算需求往往是服务大模型等训练、推理场景的，同时目前也涌现了大规模的渲染基地，因此智算中心数据驱动科学布局的模型可以将推理、训练、渲染等不同功能定位纳入需求中，考虑这些功能场景的总体体量和区域分布。

“我相信经过企业的不断实践、推广，这套模型和方法将越来越成熟，指导运营商、第三方乃至跨界数据中心服务商开展全国性、区域性及省级的数据中心以及智算中心资源部署。”通信B展望到。“当然，有了资源部署的方向，如何去建设以及做好资金保障也是相当重要的课题，这块我想我们的专家三方C应该有好的经验。”通信B笑着说。

3.2 优化建设模式和投融资策略

3.2.1 建设模式

“那这个问题我就先抛砖引玉。IDC布局确定之后，建设模式常常成为资源策略能否落地成功的关键。但数据中心项目工程不单纯是建筑或机电工程，而具备专业性强、多专业交叉、工期紧凑、质量要求高四大特点。一般来说，数据中心整个建设周期，快则18个月，慢则3年，对前端需求承接有比较大的时滞性，建需如何高效匹配，对IDC服务商的整体供应链都提出较高要求，单一服务商难以快速满足交付需求，在竞争白热化趋势下，越来越多厂商选择合建模式。”三方C说。

“那么在这样的趋势下，我想请各位资深经营者来分享下目前的IDC合建案例，看看能否从中归纳出一些价值策略。”三方C开启了第二个小议题——优化建设模式。

1．标杆厂商合建

（1）五大运营商之间：以省市层面合作为主，新势力通信传输价值显现

① 传统运营商的合作：三大传统运营商价值同质化明显，集团层面合作进缓展慢，省市层面推动三线合作可破局。

联通、电信双线合作能力已具备：联通率先与电信开展双线合作，90%三线以上城市已具备双线能力。

联通、电信、移动三线合作暂无进展：由于强竞争战略导向以及流量地位持续上升，移动合作意愿相对较弱。移动与电信、联通直接开展网络侧的合作较少，目前主要借助第三方达成 IDC 三线合作产品及访问。

② 新老势力合作：移动积极挖潜新运营商合作价值，整合利用广电、中信新势力的长短途光纤价值。

移动与广电深化 5G 共建共享合作：在 5G 700MMHZ 频段领域的合作有望进一步延伸至城域光纤侧合作。

移动与中信达成企业通信合作：在粤港澳大湾区的传输业务合作可能将延伸至长途光纤侧合作。

（2）运营商与第三方（含跨界方）：运营商巧借第三方资源建设能力，吸纳跨界方资源，构建资源供给生态

移动：移动在广深、杭州、上海等热点区域更多采用租赁第三方机房的方式，解决资源供给和多线问题。如，移动在上海与中国宝武集团达成为期 10 年的长期机柜租赁合作；移动在杭州与富春云科技达成为期 6 年的机柜租赁合作。

电信：电信省公司在热点区域更多采用纯带宽资源接入合作，部分涉及机电合建。如，浙江、上海、广东电信为光环新网、富春云科技提供带宽资源；江苏电信为尚航、江苏恒云太提供带宽资源并参与机电建设。

联通：相对于前两者，合作更为彻底和开放。为满足大客户白名单、工期、成本等要求，联通积极引入第三方以借力机电工程乃至整体层面的建设及运营能力。如中国联通（怀来）大数据创新产业园引入数据港的机电建设投资、运行维护先进经验；上海联通周浦 IDC 二期项目引入香江科技负责项目的总包建设及运营。

（3）云商与第三方：推行捆绑定制模式，积极开展多云连接平台型合作

机柜层面：云商与优势第三方建立了长期稳定的机柜定制采购合作（如图 3-3 所示）。

如，阿里云深化与数据港、万国、宝信等第三方厂商合作，第三方以云商白名单负责整体机房建设；腾讯云主要与万国、宝信、数据港等第三方厂商合作。不过，出于议价和深层合作关系等因素，也会不断引入新服务商，例如腾讯在2020年7月与科华恒盛新签为期10年期共11.7亿元的IDC合作协议，根据协议内容，科华恒盛在双方约定的场地合作建设数据中心，按腾讯云要求建设定制机房并提供IDC服务，科华恒盛负责机房和腾讯云托管设备的安全，提供电话响应及维持服务器正常运行所需要的7×24小时机房基础设施维护服务。腾讯云向科华恒盛每月支付IDC业务服务费用，包括机架服务费，另外电力使用费由腾讯云与供电局直接结算。

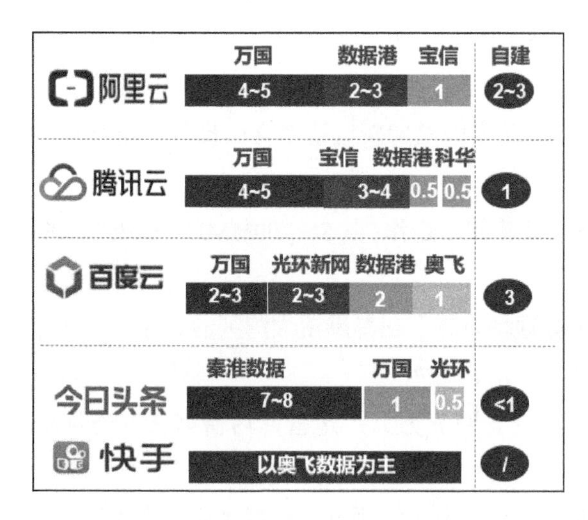

图3-3 主流互联网企业与第三方采购合作关系（比例数据为2022年前后数据）

数据来源：证券报告、企业公告、新闻等；4～5指40%～50%，当前所有统计均未计入运营商。

“需要说明的是，云商自建机房也会引入第三方的建设运维能力，区别在于一般该机房的土地所有权在云商，且云商往往后续会做机房所有权回收，如百度在亦庄的自建机房，按照“5+2”模式回收所有权，即返租合作方建设的机房，先签5年租期，如果5年后合作方还未达到既定收益，那么再延长2年，7年后所有权转移给百度。”咨询A接着三方C的主题插话强调。

带宽层面：云商依托专业第三方的中立多云网络进行平台级合作，打通流量入口。如，领先的第三方多云连接厂商犀思云提供SDN网络、SysCXP交换平台，万国数据提供CloudMiX™多云连接平台，阿里云、腾讯云、百度云等云商纷纷借力快速打造自身的多云服务能力。

“随着技术发展与市场形势变化，多方 IDC 服务商之间既有合作也有竞争，也存在由于能力不匹配引发的合作失败案例。”接着通信 B 介绍了一个失败的合建模式。

2. 合建失败案例分析

由于能力不匹配，且受到新运营商与云商 DCI 合作冲击，传统运营商与云商合建未见起色。

机柜层面：传统运营商与云商尝试合建机柜但未见起色，由于云商对白名单要求、成本等原因，传统运营商能力不足，难以满足云商规模化定制化需求，导致合作模式走不通。如，某两家运营商在北京亦庄与某云商的机房合作项目上都遭遇不顺导致中止。

“据我了解，另一家运营商与某云商的合作虽然走通了，但该运营商开了不少‘绿灯’，而且花费了不少心血，最后却没怎么赚到钱，所以这个案例也就成为个例。”咨询 A 带着些许无奈的口气说。这也引起了现场的共鸣。通信 B 稍作中断后接着分享。

带宽层面：云商借助与新运营商合作获取网络资源，对传统运营商网络垄断地位造成了冲击。云商看重运营商 DCI、5G 等新能力，如，广电提出数据中心、5G、媒体云互联网络战略，携手阿里建设 DCI。IDC 行业标杆典型合建模式如图 3-4 所示。

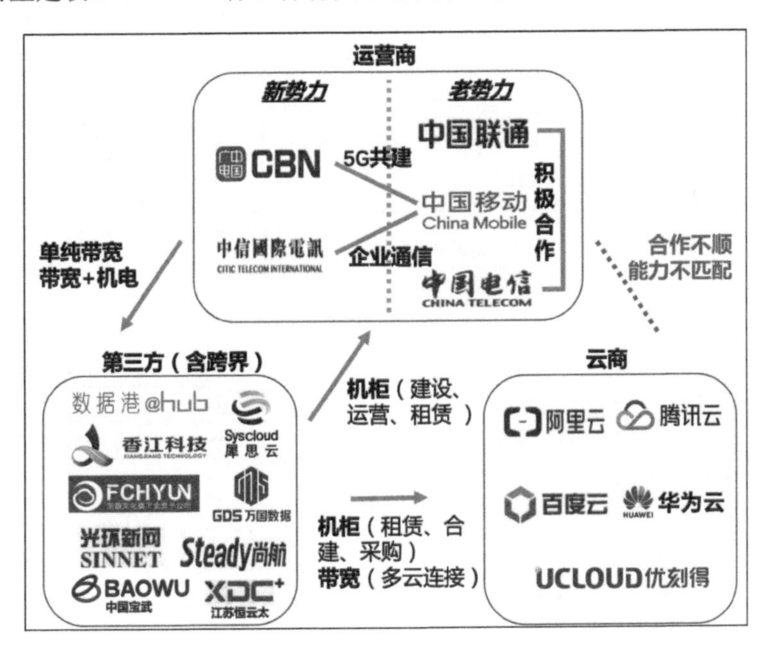

图 3-4 IDC 行业标杆典型合建模式一览

资料来源：中国通服数字基建产业研究院。

跨界 D 若有所思地说："基于以上外部行业现有合建案例扫描，是否能对各种常规和新兴的建设模式做优缺点的归纳总结呢？"

"我也认为有对比分析的必要，运营商在合建方面的探索较多，而且运营商和第三方合建为主流建设模式，"咨询 A 点点头，"因此我们先以运营商的角度，对相关合建模式进行比较分析，包括合作场景、操作方法、合作优缺点这 3 个关键维度。"他补充说。

3. 合建策略总结与对比分析

纵观当前大多数数据中心合建案例，运营商与第三方资源合建是最常规也是最典型的建设模式，值得深入分析借鉴。

（1）常规建设模式：运营商与第三方主流资源合建

运营商与第三方主流资源合建数据中心的模式总结见表 3-2。

表 3-2　运营商与第三方主流资源合建数据中心的模式

合作模式	合作场景	操作方法	优缺点
纯土电合作	合作方具备稀缺资源，且话语权弱	运营商负责机楼/机电建设、网络建设、机房运营和营销管理；合作方提供土电资源	优点：能解决土地、能耗、电力等核心资源需求；同时部分自带客情 缺点：合作较松散
整体租赁	交付周期或价格无法满足客户要求	运营商支付机架租金，直接租赁他有机房	优点：建设周期短，收益快；可实现多线机房；同时合作方管控力度相对较强 缺点：成本和销售压力较大，整体风险较大
共建分成	合作方具备稀缺资源，但话语权较大	运营商提供带宽服务，并参与建设机电等基础设施	优点：利益共同体，风险共担 缺点：投入和运维界面划分不清晰，合作分成核算较复杂；同时退出机制不便
第三方代建代维	建设周期或质量无法满足客户要求	部分或全部引入第三方建设运维能力	优点：提升自建能力，解决交付痛点；同时利用第三方优势，强化运维能力 缺点：对合作伙伴要求较高；对运营商自身的项目管理能力要求较高

政府 E 加入谈话，他说："此外，政府、互联网客户以及行业客户在未来会更多寻求与运营商合建，除了政策大环境的影响，投资成本的压力也是重要原因，比如这几年疫情的支出让很多政府的财政支出变得更加谨慎。据我所见，成渝地区常见 IDC 建设模式就是移动出资与四川雅安、宜宾、德阳等当地政府合建。"

（2）新建设模式：运营商与政府、互联网客户和行业客户的合建

除了推进与互联网客户的合建模式，围绕数字政府、央国企数字化转型等重大机遇，运营商近两年与政府、行业大客户的 IDC 合建合作显著增多，并延伸至上层平台应用层、产业层面的合作。运营商与政府、互联网客户和行业客户合建模式如表 3-3 所示。

表 3-3 运营商与政府、互联网客户和行业客户合建模式

合作模式	合作场景	操作方法	优缺点
与当地政府合建	适用于当地政府以 IDC 新基建作为招商引资重要方向的地区	当地政府出机房（近两年更多由运营商出资建设），运营商提供网络，同步 IDC 组网布局和网络优化，机房收入以成本方式结算给政府	优点：可紧密满足当地数字政府、智慧城市等需求；与本地政府形成强产业协同 缺点：后续运维压力较大，若运营商投资，压力较大
与互联网客户的合建	头部云商削减 IDC 重资产投资，网络、能耗等核心资源欠缺	运营商以自有网络、能耗、资金等优势参与互联网企业 IDC 合建，土地所有权往往归互联网企业，后续 IDC 所有权由运营商转移至互联网	优点：深度捆绑互联网客户需求，满足定制需求 缺点：运营商投入压力大
与行业客户的合建	行业客户欠缺 IDC 建设运维专业化能力	运营商提供数据中心建设及运维服务，行业企业承担投资费用及IDC基础设施最终所有权	优点：后续延伸提供云网一体方案 缺点：对自身建设运维能力要求较高

“大家的分享很有启发。那针对运营商而言，最终应采取哪些策略呢？”随后咨询 A 结合运营商的长短板，为运营商定制了两大建设策略。

4. 运营商建设策略

着重打造能耗、网络关键资源双抓手，保障热点资源快速供给，以 EPC 方式整合第三方供应链，提升资源建设效率。

在热点城市能耗方面，从“单兵作战”转向与政府、第三方、客户等多方合作，包括（1）针对政府审批关键诉求，在热点城市符合选址规划区，至少提前 1 年储备大型 IDC 的土地资源，即相关征地流程要确保提前启动；（2）试点合资公司，推动税收在区（市）落地；（3）与本地服务商联合申报，借力本地服务和客情优势，并以数据中心园区形式申报，体现产业承载功能。

在网络关键资源方面，打造 DCI 新核心能力，以互联网带宽作为基础保障，以推动 DCI 区域组网整合第三方 IDC 资源作为核心能力，并且以 5G+边缘接入作为新能力储备，提高运营商 DCI、5G 的网络竞争力。

在 EPC 供应链方面，引入第三方为总包商，并且凭资源优势在第三方非优势区域推进建设合作，有效增强自建资源供应链能力。如选取数据港等国企作为第一批合作对象，推动新合作模式在长三角优先试点，同时应重点强化合作分工等关键风险点把控。

“对于我们跨界方来说，面临自身经济实力、技术实力以及建设经验有限的问题，难以

承担一次性大额重资产投入，无法保证高质量低成本快速交付。各位有什么破局之道吗？”跨界D问。

“我对他们的痛难点也深有体会，如今各行各业加速数字化转型，特别是政府、金融等大客户的IDC需求具有多样性、定制化的特点，现有建设模式难以满足，亟须专业化承包企业代建数据中心。上述运营商与行业客户合建模式的介绍已经有一定提及，各位对于这种代建需求，有更多分享吗？”政府E接着说。通信B随后介绍了一个代建服务产品化探索的案例。

5. 前瞻研究探索：代建服务产品化

行业标杆运营商针对传统行业中信息化发展程度高、资金实力雄厚，但IDC自建专业能力弱的客群（主要包括政府政务、军工、金融以及工业能源四大行业），提出“一体化代建+专属特色服务”的套餐式服务，以提供的高标准、低成本、快交付、高可靠的全生命周期解决方案。

针对IDC建设全过程，根据客户的不同需求以及自有资源情况，分出四类合作代建模式：全过程代建模式、机电专项代建模式、主题改造代建模式、专项服务模式。四类基于客户不同需求的合作代建模式见表3-4。

表3-4 四类基于客户不同需求的合作代建模式

合作方面	资金筹集	土地/能耗申请	机电采购安装	机房设计建设	机房运营维护
全过程代建模式	√	√	√	√	√
机电专项代建模式	×	×	√	√	√
主题改造代建模式	×	√（提供零碳机房、绿色园区等特色主题方向咨询）	√	√	√
专项服务模式	在其中某一方面开展合作				

“我补充一下，智算中心的建设运营也成为当前热点，我觉得也需要好好思考。”咨询A说。

“完全赞同，运营商与政府的合建在智算中心这一新载体上也有较多体现，前者往往充当总集角色，并参与园区里的部分机房投资以及充当重要运营运维方，这对于政府而言，是当前比较有吸引力的方式。”通信B做了补充。咨询A针对智算建设运营模式给出了自己的解读。

6. 智算建设运营探索

与传统通用算力中心不同的是，智算中心具有“高技术、高投资、高功耗”三高特征，因为要在建设模式和运营手段上与传统数据中心做一定区分。

第一，以建营一体的模式，提升项目集成建设和运营管理质量。建营一体即承建方主要负责运营或与投资方共同运营。具体由承建方单独或与投资方共同成立运营公司，负责算力运营和对外服务。承建方一般以 ICT 基础设施企业为主，可借助其硬件设施供应链和技术集成优势，集成最新的人工智能加速芯片和存储介质等，使其成为各新兴计算单元进行大规模融合的重要载体，并推动硬件重构和软件定义等融合架构技术创新发展。同时为提升承建方建设及运营动力及降低承建方的运营风险，可由投资方给予一定周期的运营费用补贴，运营收入收益可以由运营方和投资方共享。

第二，以产业合作平台或产业园区的模式，提升智算资源的应用能级。面向各地以云计算、大数据、智慧城市、虚拟现实、人工智能、区块链等技术应用为核心发展方向的顶层规划布局，围绕利用新一代信息技术对传统产业进行全方位、全角度、全链条的数字化改造升级需求，通过合力打造面向未来的智算中心资源、智算平台应用、智算数据服务等，构建"产业+配套、平台+生态、数字+赋能"数字产业生态，吸引相关技术企业入驻平台或园区，逐步促进产业集群规模化发展，立足本地，辐射带动周边，推动数字经济高质量发展。

第三，加快智算中心新节能低碳技术研发推广，提升资源能源利用效率。智算中心具备高功率密度属性，在制冷方面具有更高的要求。目前大多数 AI 服务器采用的仍是常规风冷模式，部分超过 30kW 的数据中心采用了液冷模式。随着 AI 服务器功率密度的提升和使用场景的增多，一方面加快推广液冷技术的应用，在 30kW 以上更多引入冷板式液冷，在 100kW 以上考虑引入浸没式液冷。另一方面通过技术创新，在智能可视、智能运维、智能运营和智能能效优化等方面，帮助数据中心达成智能化的目标，促进全产业链绿色低碳有序发展。

3.2.2　投融资模式

"通过以上介绍，我们认识到主流的资源合建策略可以弥补 IDC 服务商在经济、技术以及经验方面的不足，但总的来说，资金水平仍是一大难题。热点地区单个标准机柜的建设成本约为 15 万元，后期还包括电力费用、带宽费用等更大比例的运营成本，这对 IDC 服务商资金能力提出巨大挑战。各位资深经营者能否在融资方面提供一些建议？"跨界 D 问。

"我同意这个说法，IDC 建设对外部融资的依赖性较强，与此同时，随着新基建概念的火热，资本大量涌入 IDC 市场，甚至出现了资本追逐项目的局面。"咨询 A 总结。"在此背景下，作为融资方的 IDC 服务商如何制定最优的融资策略？"咨询 A 对此做了剖析。他认为可以通过一些代表性企业的融资案例分析，再结合融资方自身需求输出定制化组合融资策略。

1．标杆厂商典型融资策略分析

运营商由于其国资背景及可靠良好的现金流状况，其IDC投资资本一般来源于其集团内部或者低息贷款，融资途径相对稳定单一。因此在分析标杆厂商融资策略时，本书重点选取专业第三方标杆及跨界服务商标杆的融资案例进行剖析。

（1）专业第三方标杆：融资手段多样化、灵活化，其中REITs在全球已盛行

1）万国数据：近两年灵活利用有价证券、银行授信、股权增资、联合投资等模式融资。

战略合作：2019年二季度与新加坡主权财富基金（GIC）签订战略合作框架协议，在中国一线城市之外开发和运营超大规模的定制化（BTS）合资数据中心。

发行有价证券：2019年先后多次通过发行可转换优先股以及公开发行ADS的形式融资。

股权增资：2020年6月，新增长期股东高瓴资本及现有长期股东STT GDC共计5.05亿美元的股权投资。

新设公司：2020年7月与CPE基金公司成立合资公司以承接北京的一个大型新数据中心项目。

银行授信：2020年先后取得中信银行总行100亿元战略客户意向授信、上海农商银行未来5年内提供的50亿元授信额度、以及中国工商银行60亿元意向授信。

2）Equinix：2012年开启REITs转型，2015年完成REITs转型。在此后短短五年里，Equinix全球数据中心数量从112个增长至227个，总机柜数超30.76万台。

Equinix采用公司型REITs主体结构，项目公司（SPV）直接持有并运营数据中心基础设施，公司作为REITs主体在证券市场完成发行后，机构/个人投资者可以直接购买公司的股票，并可在二级市场进行交易。

国内发展改革委先后发布通知明确数据中心可试点REITs，国家十四五规划中也提出要推动REITs融资方式健康发展，政策的持续引导为我国数据中心REITs化孵化了新动能。但我国数据中心REITs化发展面临三个突出问题：一是我国IDC服务商以自有土地建设数据中心比重仅30%左右，IDC项目以租赁用地为主，项目产权不完整，不符合申报要求；二是对REITs企业、项目的详细准入标准和管理规范尚不完善，导致企业申报路径不明确；三是现有基础设施的估值以稳定收益作为主要评价标准，与数据中心长达5年以上的投资回报周期及不稳定的现金流不相适应。因此我国数据中心REITs化进展较缓。

“我向大家报告一个好信息，当前部分主流第三方已经在国内 REITs 上取得了实质性进展，预计未来 1 年内有望实现突破。”三方 C 补充。

美国 Equinix 数据中心 REITs 的应用是一个很典型的案例，在此加以介绍。

1998 年，Equinix 成立于美国，以第三方身份运营 IDC 的中立构想获微软、思科等公司投资，2002 年于纳斯达克上市，2015 年成功转型公司型 REITs，通过定增、发债与 JV 多种融资手段，共募得近 200 亿美元，主要用于 IDC 项目的建设。截至 2022 年 1 季度，Equinix 在全球 69 个城市运营 244 个数据中心，运营面积约 2620 万 m^2，折合约 33.9 万个机柜，处于全球 IDC 行业龙头地位。

受益于 REITs 化后存量资本的盘活与扩张效率的提升，Equinix 融资能力得到显著提振。自转型 REITs 后，Equinix 股价持续高涨，通过并购运营商剥离的 IDC 资产、以及其他成熟型数据中心，快速推动 IDC 业务增长，超越 Digital Realty 成为全球 IDC 行业龙头。Equinix 作为 REITs 主体，直接/间接持有并运营数据中心基础设施，以发行 REITs 股份的方式融资，投资者购买 Equinix 的股票，间接获得其底层 IDC 资产的部分所有权。当占总资产 75%以上的资产能够创造稳定可预期的现金流时，Equinix 持续并购新的相关底层资产以扩大 REITs 业务规模。2015—2019 年，Equinix 完成 11 项收并购项目，资本开支以及收并购金额合计为 140.8 亿美元，同期融资总金额为 132.3 亿美元。EquinixREITs 的架构如图 3-5 所示。

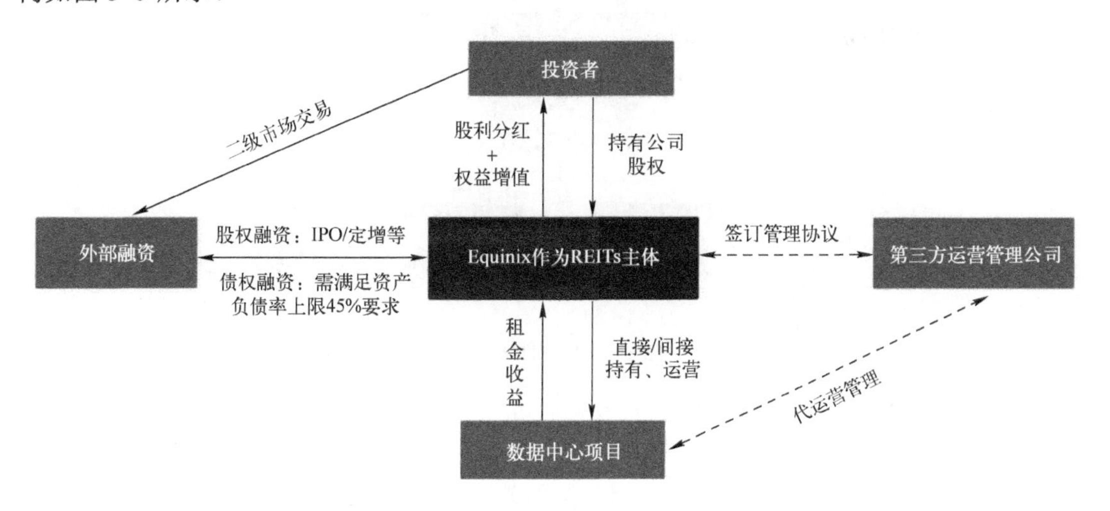

图 3-5　EquinixREITs 的架构

资料来源：《他山之石——美国 REITs 简述及启示》，中国通服数字基建产业研究院。

此外，Equinix 结合发行债券以及股票增发的方式进行资金补充，融资所得金额主要用于其每年数据中心建设的资本开支以及收并购项目。具体来说，通过股权融资收益为 Bit-isle、TelecityGroup、Verizon、Packet 等数据中心公司收购提供资金支持，其中 Verizon 公司收购资金来源还包括债务融资；通过发行 11 亿欧元绿色债券，支持其绿色能源项目和优化数据中心布局，为其用于绿色能源收购的信贷额度再融资，总计节省 1110 万欧元。

（2）跨界服务商标杆：除传统金融工具，多联合目标市场本地龙头/政府新设公司以解决融资问题并拓展市场

① 宝信软件：在本地灵活利用定向增发、可转债等金融工具融资，并联合目标市场当地政府及本地龙头新设公司借融资实现低风险拓展。宝信软件融资策略如图 3-6 所示。

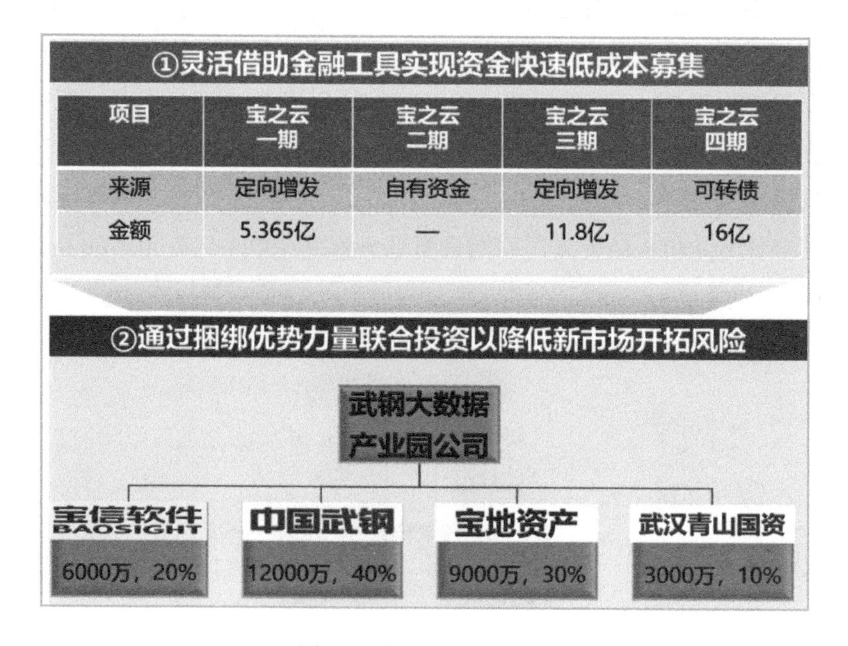

图3-6　宝信软件融资策略

数据来源：国信证券，中国通服数字基建产业研究院。

② 凤凰传媒：联合目标市场本地龙头及本地关联企业新设公司，并利用银行信用等债权融资手段解决资源建设资金问题。凤凰传媒的融资策略如图 3-7 所示。

图 3-7　凤凰传媒融资策略

数据来源：国信证券，中国通服数字基建产业研究院。

“随着非银行金融机构的发展以及 IDC 融资需求的不断攀升，除上述融资方式外，非银行金融机构和 IDC 企业均在寻求更多的合作可能性，并逐步探求更多融资模式。”三方 C 有感而发。

他接着补充：“比如说中航信托股份有限公司通过发行信托主导华云大数据中心、青岛大数据云计算综合示范园区等 IDC 产业项目投资；世纪互联与深圳金海峡融资租赁有限公司开展战略合作，签订融资租赁协议，约定金海峡融资租赁在三年中向世纪互联提供授信意向额度为 50 亿元人民币的融资；远洋资本发行 IDC 新型基础设施 ABS，首期融资规模达 11.06 亿元。”

他越说越兴奋，进一步根据资金来源，将数据中心融资模式分为政府财政支持类、联合投资类、金融工具类，并细致总结出了九大融资模式的内涵、特征及各自优缺点。

2. IDC 行业融资策略全面扫描

纵观当前大多数涉数据中心的融资模式，根据其资金来源，整体可分为三大类，首先政府财政支持类，包括政府无偿补助、贷款贴息、奖励等措施；其次是联合投资类，包括新设公司和战略投资；再者是最常用的融资手段——金融工具类，具体包括上市融资、增发股票、发行债券（含可转债）、ABS、REITS 等信托基金。表 3-5 对九大融资策略及其优缺点进行了分析。

表 3-5　九大融资策略及其优缺点分析

资本来源	模式	特征	优缺点
财政支持	政府专项基金	政府部门为符合条件的建设项目提供财政支持，包含投资无偿补助、贷款贴息、奖励等措施	优点：减少资金投入，同时可提升品牌价值 缺点：名额少，申请标准高且流程复杂
联合投资	战略投资	通常为 IDC 服务商与基金公司等投资机构签订战略合作协议，约定未来投融资授信额度，或共同开发 IDC 项目	优点：不变动股权结构的情况下，快速获取可靠现金流，同时引入成熟的资本运作经验 缺点：摊薄经营利润、降低经营收益
	新设公司	联合头部企业或产业链相关公司、政府部门、基金公司等新设成立公司，解决部分资金问题	优点：突破区位限制，快速获得土地等资源，同时加快捆绑传统行业客户 缺点：合作管控存在风险，如不利于核心资源的把控，容易受制于人，亦摊薄利润
金融工具	银行贷款/授信	商业银行向 IDC 服务商直接提供的贷款，或对服务商在有关经济活动中可能产生的赔偿、支付责任做出的保证	优点：资金来源稳定、操作流程简单 缺点：资金面小、成本高、需办理抵押等
	上市融资、增发股票、公开发行债券	通过增发股票、上市融资、公开发行债券（含可转债）等吸引社会资本以自建资源、收购资产或企业	优点：财务风险低，资金成本低 缺点：运作难度大，稀释股权，降低对企业的控制权
	融资租赁	IDC 服务商（出租人）根据项目公司（承租人）的要求，向指定供应商购买指定设备后，出租人享有 IDC 产权，承租人按约向出租人购买 IDC 服务	优点：解决投资资金的同时，绑定客户，锁定未来现金流 缺点：业务管控力度弱，到期后改造风险大
	ABS	以 IDC 项目所拥有的资产为基础，以项目资产可以带来的预期收益为保证，发行债券来募集资金	优点：融资成本低、资产隔离保障控制管理权稳定 缺点：包含着众多的利益主体及复杂的业务环节，导致产生较多的税费及合作管理问题
	私募股权融资	通过协商等非社会公开方式，向特定投资人出售股权或资产进行的融资	优点：降低财务成本、改善现金流、高附加值投资管理服务 缺点：股权和资产被摊薄稀释，企业或资产控制权面临调整，导致企业发展方向及经营理念或产生分歧
	REITS 等信托基金	汇集众多投资者的资金，由专门管理机构操作，主要通过租金和增值服务取得的收入为股东分红	优点：树立企业创新形象、盘活存量资产、降低融资成本、改善财务指标 缺点：目前国内尚未有成功发行 REITS 案例，且存在双重征税等政策问题

跨界 D 说："对于成熟的 IDC 服务商而言，其或现金流丰富（运营商），或投融资经验丰

富（专业第三方），但是针对 IDC 新入局者（跨界服务商）来说，融资经验不足，融资渠道受限，是否应该制定分类分级的融资策略？”

“我完全同意你的观点，”咨询 A 点头，“对于跨界方，可以从成本、风险、难度等关键维度对这 9 类融资模式进行评级，再结合自身实际情况，定制组合融资策略。”他补充说。

3. 融资策略评级及组合策略制定

如下融资策略评级及定制组合策略主要就 IDC 新入局者（跨界服务商）做针对性分析。

（1）融资策略评级

从成本、风险（股权稀释、合作管控）、难度（可操作性）三个维度对 9 类融资模式进行评级，星数越高，优先级越低。跨界服务商融资策略评级如图 3-8 所示。

资本来源	模式	跨界服务商融资模式优先级别			
		成本	风险	难度	优先级
财政支持	政府专项基金	★	5星 ★	★★★	1
联合投资	战略合作	★	7星 ★★★	★★★	2
	新设公司	★	8星 ★★★★	★★★	4
金融工具	银行贷款/授信	★★★★	6星 ★	★	2
	融资租凭	★★	10星 ★★★★	★★★★	5
	上市融资、增发股票、公开发行债券	★★	7星 ★★★	★★	3
	ABS	★★★	7星 ★	★★★	3
	私募股权融资	★	9星 ★★★	★★★★	5
	REITS	★★	10星 ★★★	★★★★★	5

图 3-8　跨界服务商融资策略评级

数据来源：中国通服数字基建产业研究院。

（2）融资策略组合

根据融资策略评级，参考标杆厂商的融资案例，打造灵活多元化、分阶段分级的融资策略组合。跨界服务商融资策略组合如图 3-9 所示。

① 项目建设初期，资金较为充足，且资本运作水平一般，宜利用常规模式快速便捷融资，可依次通过申请政府基金，银行贷款、联合投资等手段引入优质资本和优质合作伙伴，实现资源加速布局、目标市场精准渗透。

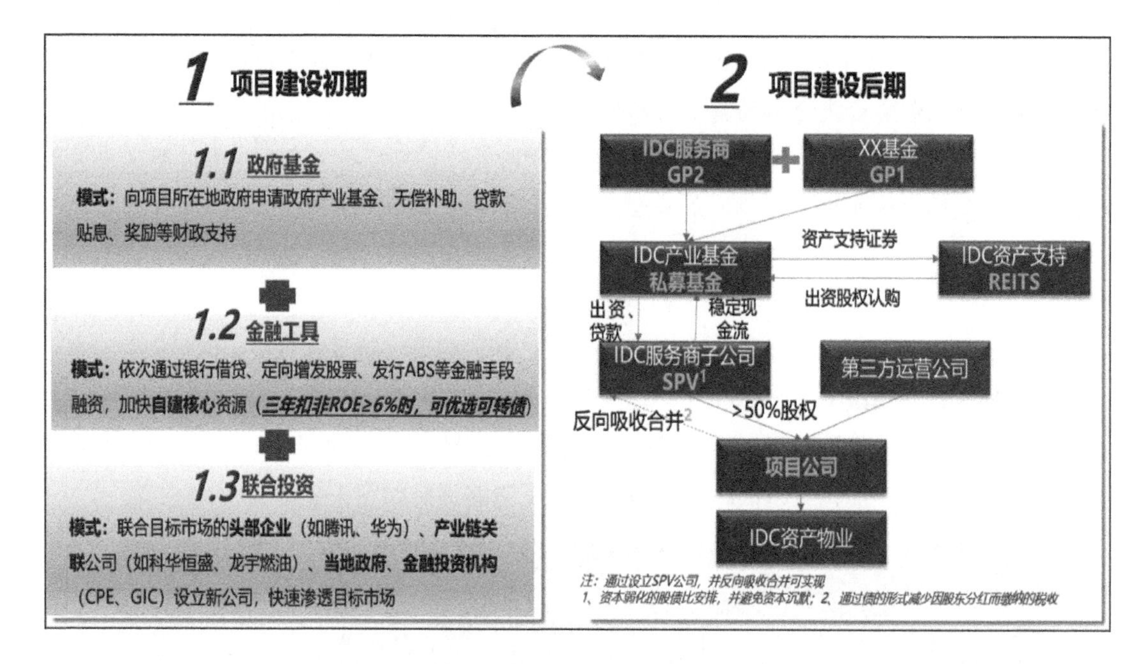

图3-9 跨界服务商融资策略组合

数据来源：中国通服数字基建产业研究院。

② 项目建设后期，自有资金短缺，而运营逐步成熟，可考虑引入基金公司并利用 REITS 等新型融资模式灵活融资，可通过引入专业基金公司联合发起设立 IDC 产业基金，加快云服务基地建设，实现稳定现金流后，申请 REITS，成功变现退出。

“刚才大家对国内数据中心产业融资策略进行了梳理，并针对跨界方提出了分类分级的组合融资策略，我觉得非常好。是否有比较成功的案例做下分享？”跨界 D 问。咨询 A 随后给出了一个跨界服务商的融资案例。

某深圳国企与深汕特别合作区投资控股有限公司通过合作成立合资公司以强化组织机制设计、加快资源协调及资质申请等，加快在深汕特别合作区共同出资建设数据中心。

成立合资公司：该国企和深汕投资共同出资成立合资公司，合资公司的股权比例暂定为 65∶35（公司持有 65%，深汕投资与其负责引入的第三方合计持有 35%，其中深汕投资不低于 15%），双方按股权比例出资，董监事会人员构成、高级管理人员的委派等事项待正式协议签署时协商确定。

资源协调及资质申请：数据中心用地及相应的用地性质、工业用电的优惠政策等，由深汕投资负责协调落实。合资公司开展各项业务所需的资质（包括但不限于节目传输等业务的行政许可）、优惠政策（包括但不限于税收优惠政策等）由合资公司作为主体申请，深汕投资负责协调。

经营范围包括：（1）负责深汕特别合作区内有线电视网络的规划、建设、运营及管理。（2）深汕特别合作区内的智慧城市、智能交通、城市安防等项目的建设和运营。（3）深汕特别合作区内电视节目的传输服务、宽带接入、在线教育、视频运营等增值业务的服务。

后期融资模式探索：通过母公司资本投资平台或引入基金公司并利用 REITS 等新型融资模式灵活融资。

第 4 章
数据中心低碳建设之道

低碳建设之道既关乎技术、也关乎模式，技术要匹配环境，模式要敢于创新。

4.1 结合不同环境选择使用最佳技术

“我们在之前已经讨论过数据中心低碳化建设存在诸多挑战。那么如何应对这些挑战，大家有没有想法可跟我们分享？”三方 C 问道。

“我先抛砖引玉，我跟国内一家数据中心设计和总包龙头企业——华信咨询设计研究院有着紧密合作，他们目前有大量数据中心低碳技术应用典型案例，我结合他们的实战经验、技术应用现状和一些趋势，跟大家分享一下在不同环境下如何选用最佳的节能技术以应对技术选择挑战。”咨询 A 回答，并且首先对数据中心内涵属性做了基本定义。

“数据中心从技术组成来看，是为信息设备服务的建筑，不仅涉及建筑、装饰、结构、水暖电、智能化等专业，同时还有通信相关的电源、工艺、传输、数据、交换等专业，是一个多专业多系统的复杂性工艺建筑。同时，数据中心 IT 设备发热量巨大，为保证 IT 设备的可靠运行，要求数据中心全年不间断供冷，对供电制冷的可靠性和运营的有效性要求极高。因此下面的介绍中，一方面从技术演进及实践视角，围绕低碳挑战，来分析数据中心在建筑、制冷、电力、智能化等方面如何应对；另一方面，我也会针对液冷、绿电等突破性新技术，给出专题分析。”

4.1.1　建筑形式

1．早期数据中心建筑形式——民用建筑

早期数据中心，即通信机房、传输机房、交换机房、数据机房等，通常与办公室位于同一栋大楼内，如运营商的枢纽大楼、综合楼等（以高层建筑居多），后期生产楼、机房楼逐步独立（以四层建筑居多），数据中心则按机房标准工艺进行建设，但仍以民用建筑设计居多。

2．目前数据中心建筑形式——工业建筑

根据新规以及数据中心的特点，目前数据中心主要建在工业地块并按丙类厂房建设。在土地资源丰富的地区，数据中心已是一层或二层的钢结构大厂房。但在土地资源稀缺的地区，还是以多层建筑居多，同时也会有高层建筑。例如，华信设计的澳门数据中心项目，均按工业建筑高层建设。

3．典型建筑形式——装配式数据中心建筑

随着国家绿色建筑等政策要求的不断更新，总体建筑将趋向于模块化、标准化方向发展，装配式数据中心建筑将成为主流。例如，上海地区鼓励数据中心进行装配式建设，华信设计的商汤科技数据中心，整个大楼通过华信自研的 BIM+平台，通过精细化设计、钢结构装配、轻量化应用、可视化管理，实现数据中心的绿色建设、快速部署，达到高效运营的目的。

装配式数据中心发展存在标准化率低、成本高、设计难度大等问题。由于我国早期数据中心布局较分散且为满足 IT、制冷、电力需求，存在荷载大（10～16kN/m^2）、楼层高且不确定（不同制冷设备要求层高不同，4.2～6.9m）、管线多、分期扩容、功率密度变化等特点，很难像住宅、办公建筑那样标准化率那么高。而且装配式数据中心造价会更高，对精细化设计能力提出了更高的要求，所以装配式数据中心建筑较少。目前互联网公司在西北、华北地区仍大规模采用一层或二层钢结构数据中心。但是，随着政策引领和技术发展，装配式数据中心仍然趋向于被大规模推广应用。

国家鼓励装配式建筑发展，装配式建筑应用规模快速增长。装配式建筑符合建筑业产业现代化、智能化、绿色化的发展方向。近几年，一系列政策的颁布加快了我国装配式建筑行业的发展。2016 年是中国装配式建筑开局之年，国务院办公厅颁布的《关于大力发展装配式建筑的指导意见》（国办发〔2016〕71 号）中明确提出："推动建造方式创新，大力发展装配式混凝土建筑和钢结构建筑”。2022 年 4 月，《关于进一步释放消费潜力促进消费持续恢复的意见》指出：“推动绿色建筑规模化发展，大力发展装配式建筑”。此外，多个地区对数据中心采用装配式建筑也出台了相应的政策要求，其中东部地区应用较为突出。其中北京要求数据中心建筑面积大于 $5000m^2$ 需按照装配式建筑实施；上海要求数据中心项目各幢建筑面积总和大于 $10000m^2$ 需按照装配式建筑实施；海南要求数据中心需按照装配式建筑实施；浙江虽未对新建（数据中心）项目强制性采用装配式建筑，但处于逐步推广期。

受国家鼓励发展装配式建筑政策的影响，我国装配式建筑规模持续快速增长，2021 年我国新开工的装配式建筑面积达到 7.4 亿 m^2（见图 4-1），占比达 24.5%。

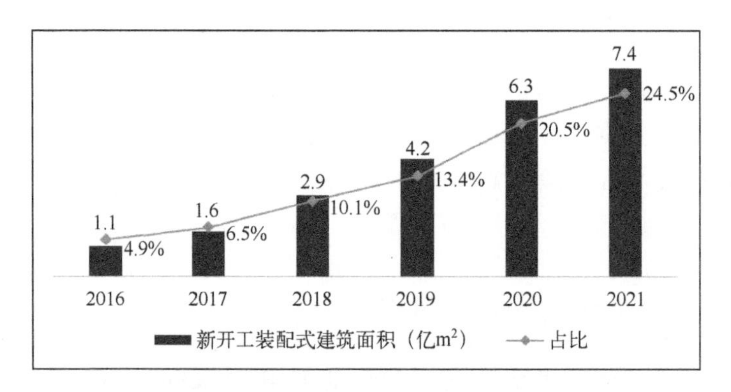

图 4-1　2016—2021 年中国新开工装配式建筑面积及占比

“东数西算”进一步加快推动装配式建筑发展。随着全国“东数西算”工程实施推进，对绿色数据中心提出了更明确的要求，数据中心建设区域更加集中，使得装配式工厂能够面向一片集群提供标准化设计制造，能够极大降低生产和物流成本。即装配式数据中心未来将得到广泛的应用。商汤科技建设的装配式数据中心非常有代表性（如图 4-2 所示）。

图 4-2　上海商汤科技效果图

该项目位于上海临港重装备制造区，项目总规划建筑面积约 13 万 m^2，园区由运维中心、超算中心以及 220 千伏变电站等组成，建成后可容纳 1 万个 8kW 机架。项目于 2020 年初启动设计，同年 8 月初开始施工，一期工程为建造运维中心和其左右两侧的两栋超算中心，已于 2022 年初竣工投入使用。

项目需按国标 A 级标准设计，建成后超算中心全年平均 PUE 值需低于 1.276，达到长三角地区先进水平。结合上海市装配式建筑要求，在本项目中需采用纯钢结构设计，机电方面需采用同层供电以及冷冻水系统和间接蒸发冷却系统相结合的技术，以提高设计精确度并缩短施工工期。要将其打造成为一座开放、大规模、低碳绿色的先进计算基础设施，从而成为亚洲最大的人工智能计算中心之一。

该项目的建设方案如下。

- 超算中心，共 5 层，为高层建筑，结构体系采用了钢框架——中心支撑结构。其中框架柱采用了钢管混凝土柱，柱截面尺寸不大于 600mm，在满足规范要求的基础上，为数据中心提供了更大的使用面积，更多的机柜数量，也为业主创造了更高的经济价值。
- 超算中心与运维中心之间的两座连廊均为大跨度结构。为配合建筑效果，连廊两侧不设柱子，采用成品抗震支座与两侧主体建筑相连。为减弱各单体建筑之间的相互影响，连廊与主体建筑的连接均采用弱连接。在结构设计时，还补充了大跨度连廊的竖向振动计算，以满足使用时的舒适度要求。
- 每栋超算中心分为两个模块，每个模块引入 2 路市电。设置 2 套 10kV 柴油发电机组，每套包括 7 台（6+1）DCP 功率为 1800kW 的柴油发电机。超算中心机房采用同层供电，每个模块二至五层，每层设置两间配电室，设置 1 套干式变压器和高频 UPS 系统，互为主备，物理隔离，灵活便捷，安全可靠。

该项目各单体均采用钢结构。相比传统的混凝土结构，钢结构重量较轻，抗震性能较好，更可以适应上海市关于装配式建筑的高标准要求。同时，钢材作为一种可回收材料，更能彰显本项目绿色数据中心的特点，使项目在其全生命周期中具有良好的经济效益。

结合项目的特点、项目节能、节水需求等因素，空调系统采用中温水水冷冷冻水系统，采用冷却塔+板式换热器自然供冷冷源，高密机房区采用行间精密空调近端供冷、中密机房采用架空地板下送风的末端形式，同时屋面层采用间接蒸发 AHU 技术，部分机房采用冷板式液冷技术，最大限度地进行自然供冷。

该项目综合采用自然供冷、行间精密空调近端供冷、间接蒸发 AHU、冷板式液冷、冷热通道隔离、中温水系统、提高回风温度等多重节能技术，确保数据中心高效节能运行，降低能耗，降低数据中心 PUE 值。

4. 数据中心建筑未来发展趋势

随着数据中心建筑标准化、模块化、预制化率提升，加之信息技术的快速迭代及用户对数据中心交付工期要求的缩短，传统建筑技术难以满足现实需求，标准化、预制化、模块化建筑技术将与数据中心深度融合（如图 4-3 所示）。其中，标准化是指结合数据中心特点，可制订几套数据中心标准化建筑模型，最大限度提升数据中心标准化率，加快规模应用；模块化是指机楼、机房、机柜均模块化，实现资源复用、灵活配置、快速部署；预制化是指制冷、电力等基础设施采用预制化现场组装，实现工程产品化、产品智能化。

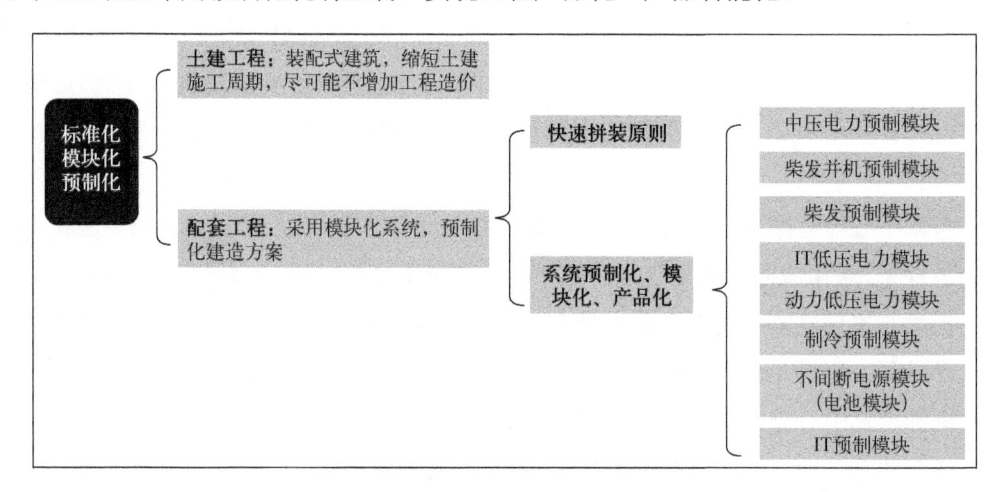

图 4-3 数据中心标准化/模块化/预制化

《“十四五”公共机构节约能源资源工作规划》明确，在实施绿色低碳转型行动中，将加快推广超低能耗和近零能耗建筑，逐步提高新建超低能耗建筑、近零能耗建筑比例。

超低能耗建筑是近零能耗建筑的初级表现形式，其室内环境参数与近零能耗建筑相同，能效指标略高于近零能耗建筑。近零能耗建筑是指通过被动式建筑设计最大幅度降低建筑供暖、空调、照明需求，通过主动技术措施最大幅度提高能源设备与系统效率，充分利用可再生能源，以最少的能源消耗提供舒适的室内环境。如 2021 年，雄安城市计算（超算云）中心主体建筑项目获得近零能耗建筑认证。

在双碳政策和技术发展引领下，为进一步践行绿色低碳，未来数据中心的建设还将朝着超低能耗、近零能耗等低碳化和绿色化方向发展。

4.1.2　制冷技术

1. 数据中心制冷技术演进

（1）数据中心功率密度快速提升倒逼制冷技术

随着我国互联网、大数据、云计算技术的迅猛发展，数据中心 IT 设备的功率密度越来越大，主机房从早期的 300W/m^2 到现在的 1500～3000W/m^2，单机柜功率密度从 3kW/m^2 发展到现在的 30kW/m^2，甚至更高，这给数据中心制冷带来了更大的挑战。近几年在各方的共同努力下，数据中心制冷技术得到了全新的发展，PUE 从 2.0 降至 1.2，甚至更低。

（2）数据中心制冷技术三阶段

第一阶段（2012 年以前）：早期运营商、金融、互联网等机房规模较小，以风冷直膨式精密空调为主，先冷环境，再冷设备，气流组织较差，各自控制，互相干扰，整体能效非常低，PUE 在 1.8～2.5 之间。

第二阶段（2012—2018 年）：运营商、互联网、金融、第三方运营公司开建大型及超大型数据中心，冷源采用集中式水冷冷水空调系统为主，通过冷却塔、板换进行自然冷却运行；缺水地区采用集中式风冷冷水空调系统，配套自然冷却功能；结合多种末端使用，如房间级空调、列间空调、冷板空调、背板空调等，整体能效得到较大提升，PUE 在 1.25～1.5 之间。

第三阶段（2019 年至今）：国家和地方密集出台相关政策，新建大型、超大型数据中心 PUE 要求先从 1.4 到 1.3 再到 1.25、1.2，示范型绿色数据中心 PUE 要求 1.15。

（3）数据中心制冷技术应对策略

1）传统的集中式水冷空调系统全面优化。通过逐步提升冷冻水供回温度（从原来的 10～16℃，提升至 18～24℃），同时选用高效率冷却塔或加大冷却塔换热面积（如间接蒸发冷却塔等），选用变频技术、磁悬浮技术、风墙技术、背板技术来进一步提升空调系统整体能效，最大限度增加自然冷却时间，减少机械制冷能耗，PUE 值可控制在 1.3 以下，严寒或寒冷地区可达到 PUE1.2 左右。

2）热管、蒸发冷、液冷等新型技术不断涌现。数据中心行业也在与时俱进，各大企业制冷技术也在更新迭代，比如氟泵变频技术、热管多联技术、间接蒸发冷却机组（AHU 一体化机组）以及液冷技术（市场上冷板式、浸没式为主）等，通过新技术应用，数据中心 PUE 降至 1.2 以下。其中，液冷技术近两年行业推广和宣传力度非常之大，因其全年无须压缩机制冷，适用于全国各地区，整体 PUE 逼近 1.15 甚至更低。且液冷尤其适用于高密度机柜，业界认为一般机柜高于 15kW，传统风冷效果就会大打折扣。若国家政策进一步加码或者液冷服务器和液冷散热系统成本进一步降低，那么未来液冷技术将被认为是北上广深等热点区域的必然选择。

（4）未来液冷技术将趋向于多种技术融合发展

仅从技术层面看，液冷效果是最佳的。但近 5 年，国内大型数据中心制冷方案趋向于多技术融合：依据东、西部地区各自的气候条件和政策要求，采用集中式水冷、热管多联、间接蒸发冷、液冷技术等多种技术，最终实现长期共存、融合应用。

液冷技术的谨慎应用主要有几方面原因。首先，我国目前液冷技术上下游产业链不够成熟或市场竞争不够充分，液冷还没有达到规模应用程度。其次，从成本来看，一方面液冷制冷系统综合成本较高，浸没式液冷是传统制冷系统的 2～4 倍；另一方面，液冷服务器成本也会相应增加（浸没式液冷服务器成本将是传统服务器的 1.5 倍左右）。最后，液冷并不适合所有 IT 设备的散热，通常需要搭配风冷。因而，液冷技术近期会在特定场景和客户中融合应用，但要实现规模化单点应用还需长期规划。例如，华信设计的杭州大数据项目，采用了水冷+液冷、蒸发冷等组合制冷模式，并同步应用了模块化和 BIM 等先进技术。

杭州大数据中心项目风液混合制冷比较具有代表性。

该项目总投资约 50 亿元，总建筑面积约 23 万 m^2，可容纳 2 万个 8kW 机柜。该项目应用新型制冷技术，使数据中心 PUE 降至 1.2 以下，建设节能、低碳数据中心的同时建筑层面要满足海绵城市建筑要求，体现云网融合的理念，打造规模化、集约化、智能化的算力枢纽平台和天翼云区域节点。杭州电信数据中心项目效果图如图 4-4 所示。

图 4-4 杭州电信数据中心项目效果图

该项目的建设方案如下。

- 数据中心 7 号楼（4#数据中心）是中国电信数据中心标准化方案中比较典型的“36”模型，动力楼和数据中心机楼组合建设。建筑物分为地下 1 层，地上 6 层。1 层为冷冻水系统机房及高压配电、接入机房等功能；2～6 层为机房标准层，每层设置 4 个模块机房，采用“全楼层大荷载”“同层居中供电系统”，大幅提高对未知机柜的布置灵活性，满足不同业务需求。2～5 层主机房采用水冷列间空调，通过封闭热通道将冷、热气流完全隔离；6 层主机房采用间接蒸发冷却制冷，不同空调形式的组合更利于节能；油机房设置在主楼附楼，共设置 24 台柴油发电机组，为数据中心不间断电源做双重保障；地下一层为空调水池，直供本楼的数据中心空调冷却塔用水。
- 暖通部分设计采用“自然冷却”“高水温机房”“间接蒸发冷却系统”“列间空调”“封闭热通道”等多种节能技术，使 PUE 值低于 1.25；生产调度中心配置水源热泵空调系统，夏季制冷，冬季回收机房余热，为研发生产区提供热水，满足其热负荷需求，以利节能。
- 供电系统部分采用模块化架构，贴近负荷中心进行部署；电源设备均采用自损耗小、效率高的节能型设备，提高能源效率和资源利用率。在生产调度中心屋面及其他可利用平面上设置分布式光伏并网发电系统，每年发电量约 15 万 kW・h 以上。
- 建筑部分设计采用减小建筑物的体型系数、新型双碳节能型材料、雨水回收利用等新技术来控制建筑能耗。园区采取下凹式绿地、渗透性路面、雨水蓄水池等多种措施，以达到自然积存、自然渗透、自然净化的雨水控制目标，满足海绵城市建设要求。

该项目从建筑、暖通、电气、水、智慧运维等维度，采用多种节能手段，尤其组合应用了“液冷自然冷却”和“间接蒸发冷却”技术，使数据中心 PUE 低于 1.25，实现低碳排放目标。数据中心设计及建设采用机楼、机房模块化、机电预制化，优化管理流程、缩短建设周期、实现快速交付。项目从设计到施工再到运营全过程采用 BIM（建设信息模型）管理，利用数字化技术，在项目上提供完整的、与实际情况一致的建筑工程信息库，实现管线综合、碰撞检查、三维进度模拟、智慧工地建设等管理功能，各方人员可基于 BIM 实现协同工作，有效提高工作效率。

液冷新技术使用需要做全面分析应对。液冷技术较为复杂，如何准确技术选型、如何控制成本、如何选取优质厂商成为客户使用液冷制冷的关键诉求。

2. 数据中心液冷技术

（1）液冷趋势分析

智算云需求和单功率成本优化需求使得高密服务器成为未来服务器主流趋势。我国数据中心规模不断扩大，截至 2021 年底我国数据中心规模已达 500 万标准机架[㊀]，预计每年仍将以 20%以上的速度快速增长。随着云计算向智能计算发展，对多核 CPU、GPU、FPGA、DPU 等高性能服务器需求日益旺盛，据 IDC 等机构统计，GPU 为主的智算服务器在算力比例中已达 20%，未来有望进一步加快提升。服务器的高密部署推动单机架功率向平均 12～20kW 等高功率演进。据天翼云调研统计，阿里云机架功率平均在 6kW 以上、微模块方案功率平均在 13kW 左右，百度以 8.8kW 功率为主，腾讯机架功率要求 8kW 以上。而成本因素也是推动高密机柜使用的另一个重要因素。不同机架功率造价成本不同，单功率造价成本随着单机架功率的升高而逐渐降低。据中国电信统计，当单机柜功率达到 8kW 及以上时，单功率造价成本较低且保持稳定水平；结合未来数据中心规模发展及造价成本，12～20kW 的高密度服务器将成为未来主流趋势，经业内专家测算，15kW 以上，传统风冷效率降低已无法完全满足制冷需求，液冷将成为未来解决数据中心散热能耗问题的重要技术。

双碳背景下 PUE 监管趋严，市场化电价下数据中心用电成本压力大。2020 年以来国家及地方不断出台政策严控 PUE，2020 年 12 月《关于加快构建全国一体化大数据中心协同创新体系的指导意见》指出，到 2025 年，大型、超大型数据中心运行电能利用效率降到 1.3 以下；2021 年 4 月，北京市要求年能源消费量大于或等于 3 万吨标准煤的项目，PUE 值不应高于 1.15；2022 年 2 月“东数西算”工程正式启动，对数据中心 PUE 提出了明确限制（东部、西部区域内平均 PUE 值分别小于 1.25 和 1.2），PUE 将成为近几年数据中心建设的重要考核指标；随着电价市场化改革的推进，平均电价成本由 0.45 元/kW·h 上涨到 0.58 元/kW·h，增幅达 28.8%，加剧了 IDC 服务商用电成本压力，其中 40%来源于散热系统用电。随着 PUE 政策限制和日益紧张的电力资源压力，加快推进液冷的研究和应用成为大势所趋。

应用液冷技术有助于满足数据中心极致 PUE 要求、实现节能降噪。与风冷系统相比，液冷数据中心能节省约 30%能源，有效降低能源消耗比，将 PUE 降到 1.1 以下，实现绿色数

㊀ 数据来源于国家发展改革委。

据中心的要求；相比传统风冷数据中心，液冷数据中心增加泵和冷却液系统，但省去空调系统和相应基础设施建设，节省大量空间，可以容纳更多的服务器，提高单位空间的服务器密度，大幅提升运算效率；在相同散热条件下，液冷系统所使用的泵和冷却液系统与传统的空调系统相比噪声更小，可达到“静音机房”的效果。

（2）液冷需求分析

液冷数据中心市场前景广阔，带动液冷制冷市场规模和氟化液市场需求量不断提升。据赛迪顾问预计，2022 年液冷数据中心市场规模为 565.6 亿元，2025 年将突破 1200 亿元，平均渗透率在 20%左右；同时结合对中国电信、阿里、华为、曙光数创和华信设计院等公司业务技术团队的调研，初步得出结论，液冷将是未来 3～5 年的主流趋势，液冷制冷市场规模将会快速增长，预计到 2025 年液冷制冷总体规模将达 22.28 亿元；此外，由于氟化液产品具有无毒性、不可燃性、低介电性和低黏度等特点，氟化液成为浸没式液冷的理想冷却介质，并且随着氟化液产品的不断创新和产品成本的不断下降，氟化液市场需求量不断提升，预计到 2025 年氟化液市场需求量将突破 2609 吨/年。随着数据中心行业浸没式液冷的市场份额逐渐增加，氟化液市场需求将快速增长。

互联网、金融和电信行业液冷应用比重较大，成为未来液冷制冷市场的主要需求主体。根据赛迪顾问《中国液冷数据中心发展白皮书（2020）》显示，2019 年液冷数据中心主要应用在以超算为代表的应用当中，随着互联网、金融和电信行业业务量的快速增长，对数据中心液冷的需求量将会持续加大。预计 2025 年互联网行业液冷数据中心占比将达到 24.0%，金融行业将达到 25.0%，电信行业将达到 23.0%。

具体来看，互联网行业的电商、社交平台、短视频等领域的龙头企业较多，用户群体和业务体量大，数据中心算力需求大，单机柜功率密度可达到 10kW 甚至更高，是目前液冷数据中心的主要客户，预计到 2025 年中国互联网行业液冷数据中心市场规模达 319.3 亿元。

金融行业信息系统的云化迁移、互联网金融产品的普及以及量化金融分析等增大了金融业对敏捷响应、大模型训练等需求，金融行业高密算力需求进一步提升，预计到 2025 年中国金融行业液冷数据中心市场规模达 332.6 亿元。

电信行业紧抓综合信息服务需求日益云化的趋势，全面推进“云改数转”，液冷数据中心需求量猛增，预计到 2025 年中国电信行业液冷数据中心市场规模达 306 亿元。当前运营商均开始启动液冷制冷试点工作，见表 4-1。

表 4-1　三大运营商液冷技术试点

	试点基地	液冷技术应用
电信	京津冀信息园区	试点应用冷板式液冷技术，计划布置 1900 台冷板式服务器
	广州南方基地信息园区	试点应用浸没式液冷技术，计划布置 900 台浸没式服务器
移动	杭州公司	单相浸没式液冷基站试点
	宁波公司	打造室外模块化浸没式液冷数据中心
联通	重庆万盛经开区	引入阿里云打造浸没式液冷边缘数据中心

（3）液冷主要分类

液冷技术是指通过液体直接冷却设备，液体将设备发热元件产生的热量直接带走，实现服务器等设备的自然散热，相对于传统的制冷系统而言，更加高效节能。目前液冷技术可分为三大类：冷板式、喷淋式、浸没式液冷。

1）冷板式液冷。冷板式液冷对发热器件的改造和适配要求较低，技术成熟度较高，应用进展最快。冷板式液冷系统由换热冷板、分液单元、热交换单元、循环管路和冷却液组成，是通过换热冷板（通常是铜、铝等高导热金属构成的封闭腔体）将发热器件的热量传递给封闭在循环管路中的冷却液体进行换热的方式，按照管路的连接方式不同可分为串联式和并联式，具体系统结构见图 4-5。

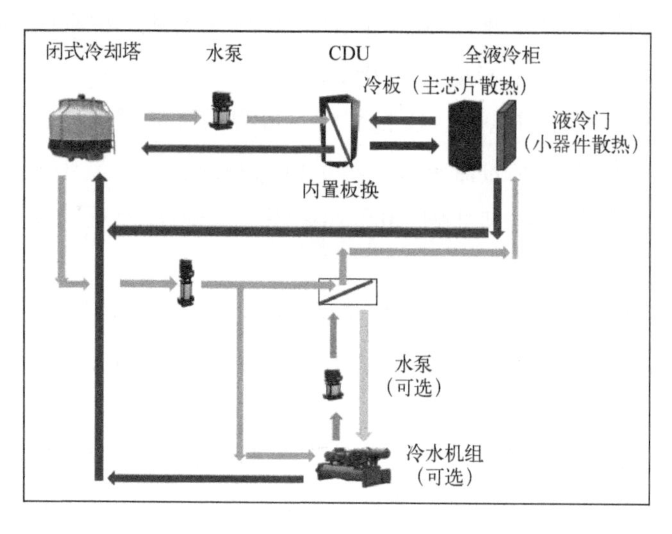

图 4-5　冷板式液冷系统

数据来源：中国通服数字基建产业研究院调研数据。

冷板式液冷主要采用去离子水、丙二醇水溶液作为冷却液，对机柜、服务器改造较小，系统稳定性高，且产业链相对成熟，成本优势明显，但仍需风冷辅助制冷，冷却液泄漏风险高；从成本结构来看，液冷板占比最高，易掌控，具体成本结构如图 4-6 所示。

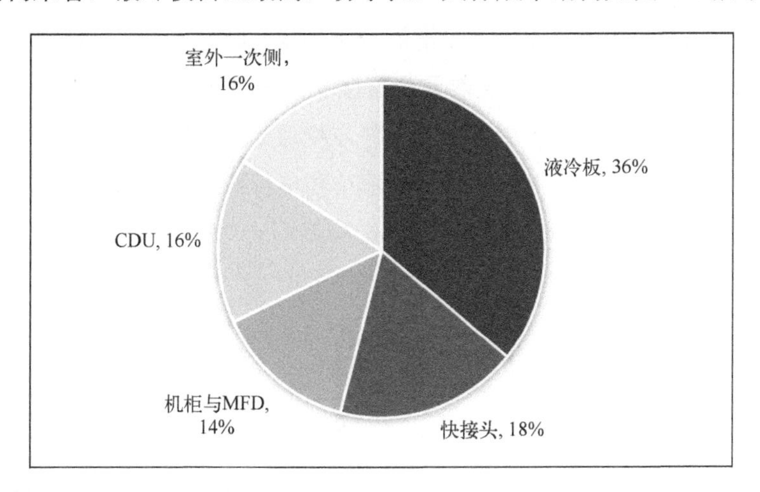

图 4-6　冷板式液冷系统成本结构

数据来源：中国通服数字基建产业研究院调研数据。

目前，百度、腾讯、美团等互联网企业均开始对冷板式液冷进行技术研究和试验验证，在冷板式液冷产业内形成了强劲的带动作用。

2）喷淋式液冷。 喷淋式系统是一个直接液冷系统，在服务器内部喷淋模块。根据发热体位置和发热量大小不同，让冷却液有针对性地对发热器件进行喷淋，达到设备降温的目的。喷淋的液体和被冷却器件直接接触，冷却效率高。喷淋式液冷系统如图 4-7 所示。

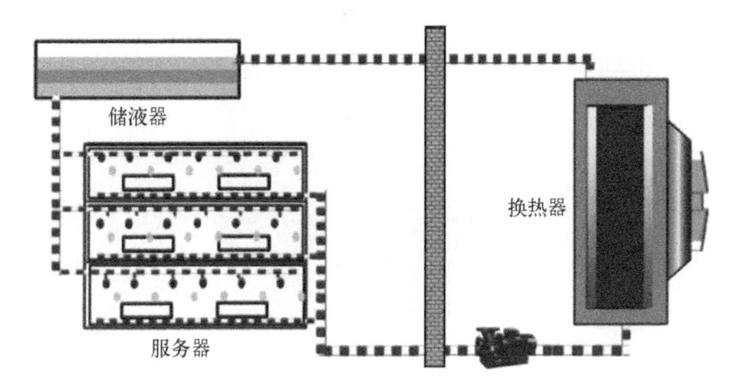

图 4-7　喷淋式液冷系统

喷淋式液冷主要采用硅油化合物作为冷却液，100%系统全液冷，无须风冷系统辅助冷却，服务器部件故障率低，但对机柜结构改造大，冷却液长期滴落，有损失风险；从成本结构来看，冷却液属于化工材料领域，科技含量高，难以掌控。

目前，中国长城已推出我国第一台喷淋液冷服务器，助力攻克服务器件精准散热难题。

3）浸没式液冷。浸没式液冷将发热元件直接浸没在冷却液中，依靠液体的流动循环带走服务器等设备运行产生的热量。由于发热元件与冷却液直接接触，散热效率更高，噪声更低，可解决防高热问题。浸没式液冷分为两相液冷和单相液冷，散热方式可以采用干冷器和冷却塔等形式，系统结构如图 4-8 所示，成本结构如图 4-9 所示。

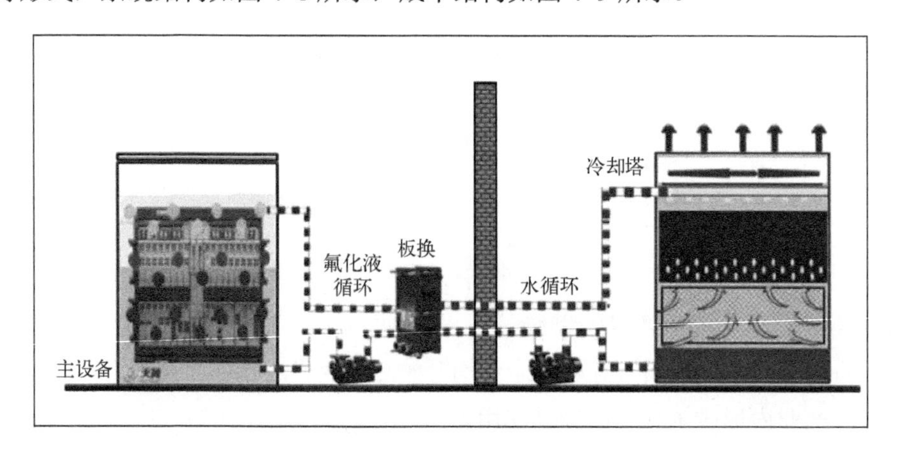

图4-8 浸没式液冷系统

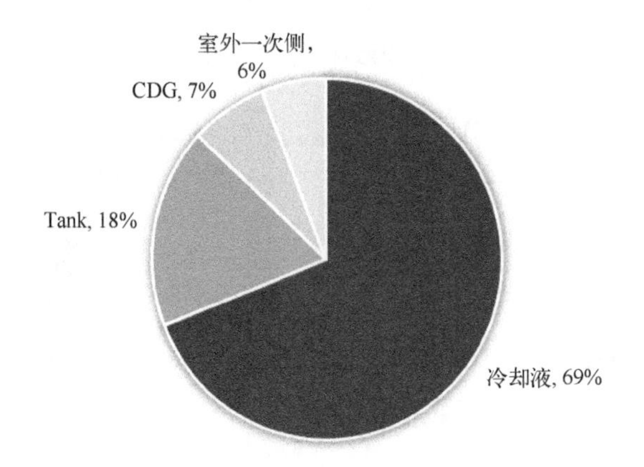

图4-9 浸没式液冷系统成本结构

数据来源：中国通服数字基建产业研究院调研数据。

浸没式液冷主要采用氟化液作为冷却液，对液体属性要求非常高，当前主要依靠进口，因此成本居高不下。浸没式液冷为 100%系统全液冷，无须风冷系统辅助冷却，系统稳定性高，PUE 更低，但对机柜结构改造大，服务器清理与运维复杂，对容器密封要求高；成本结构与喷淋式液冷系统相近。

冷却液成本占比近 70%（见图 4-9），是浸没式液冷系统成本的关键组成，也是产业规模化发展的一大制约因素。阿里、华为、电信等专家调研纷纷指出：低成本氟化液是浸没式液冷商业化推广的关键，氟化液成本将决定浸没式液冷的市场规模。

目前，阿里巴巴在自建数据中心中大规模应用浸没式液冷，例如浙江仁和数据中心，北京奥运会数据中心，以及2023年3月份一期项目就要投入使用的成都简阳超大型数据中心（华信设计），都是全园区使用“浸没式液冷”技术的超大型数据中心。

表 4-2 是三种制冷模式的详细全面对比分析。

表 4-2　液冷方案介绍及简单对比

类型	数据中心液冷技术					
	冷板液冷（间接式）			喷淋（半浸没-直接式）	全浸没（直接式）	
	单相冷板	两相冷板	热管冷板	喷淋式	单相浸没	两相浸没
与风冷比较	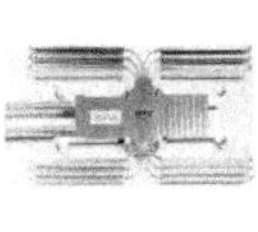					
承重要求	-			--	--	---
服务器密度	+			+	++	+
散热性能	+			+	+	++
集成度	+			+	+	++
可维护性	+			+	+	+
可靠度	+			+	+	+
性能	+			+	+	++
能效	+			+	+	++
废热回收	+			+	+	++

（续）

<table>
<tr><td rowspan="3">类型</td><td colspan="6">数据中心液冷技术</td></tr>
<tr><td colspan="3">冷板液冷（间接式）</td><td>喷淋（半浸没-直接式）</td><td colspan="2">全浸没（直接式）</td></tr>
<tr><td>单相冷板</td><td>两相冷板</td><td>热管冷板</td><td>喷淋式</td><td>单相浸没</td><td>两相浸没</td></tr>
<tr><td>噪声</td><td colspan="3">++</td><td>+</td><td>+</td><td>++</td></tr>
<tr><td>单板腐蚀</td><td colspan="3">+</td><td>+</td><td>+</td><td>++</td></tr>
<tr><td>冷却介质兼容性</td><td colspan="3">+</td><td>+</td><td>+</td><td>+</td></tr>
<tr><td>初期投入成本</td><td colspan="3">-</td><td>-</td><td>-</td><td>--</td></tr>
<tr><td>5 年平均运营成本</td><td colspan="3">+</td><td>+</td><td>+</td><td>++</td></tr>
<tr><td rowspan="3">备注</td><td colspan="2" rowspan="3">单机柜功耗密度可达 45kW 以上，需保留 30%风冷空调</td><td>技术安全可靠</td><td>冷却液与发热芯片接触较少</td><td colspan="2" rowspan="3">3%机柜冷量损失</td></tr>
<tr><td>单冷板解热低于 200W</td><td>单芯片传热受限</td></tr>
<tr><td>技术有待突破</td><td>长期液体滴落损害芯片风险</td></tr>
</table>

注：表格中的加号与减号表示液冷与风冷在相关指标的对比，加号越多，表示液冷相较于风冷在相关指标的效果较好；减号越长，表示液冷相较于风冷在相关指标的要求更高。

结合对中国电信、阿里、华为、曙光数创和华信设计院等公司业务技术团队的调研，随着数据中心单机柜功率密度的增长，冷板式和浸没式液冷市场份额将会逐渐增加。其中，冷板式和浸没式相变液冷系统较复杂，且随着浸没式成本不断优化，其更优良的制冷效果将更加突出；而对于浸没式相变技术而言，其成本更高，制冷效果更适用于超高功率的超算中心。因此，预计未来相当一段时间，浸没式非相变液冷将有更大的机会得到推广。

（4）液冷技术主要厂商

聚焦液冷整体解决方案及氟化液等液冷制冷的重点细分市场，开展主要厂商的市场竞争分析及动态扫描。

液冷整体解决方案。基于液冷整体解决方案产品营收、类型、销量、市场占有率、客户反馈等市场地位维度，以及技术专利、标准制定、创新人才、潜在客户等发展能力维度的综合考量，绘制竞争力矩阵图（见图 4-10），其中中科曙光、华为、阿里和联想位于中国液冷整体解决方案市场领导者位置，广东合一、绿色云图、浪潮位于挑战者位置，戴尔中国、维谛技术、英维克位于跟随者位置，IBM 中国位于可期待者位置。

其中，绿色云图是非相变浸没式液冷领域的黑马，业务发展速度非常快，拥有众多成熟技术实践，下文会重点做分析；广东合一是喷淋式液冷的领军企业，我们也做针对分析；阿里、中科曙光、华为、联想等综合性厂商往往涉及多个领域，也是我们的重要分析对象。

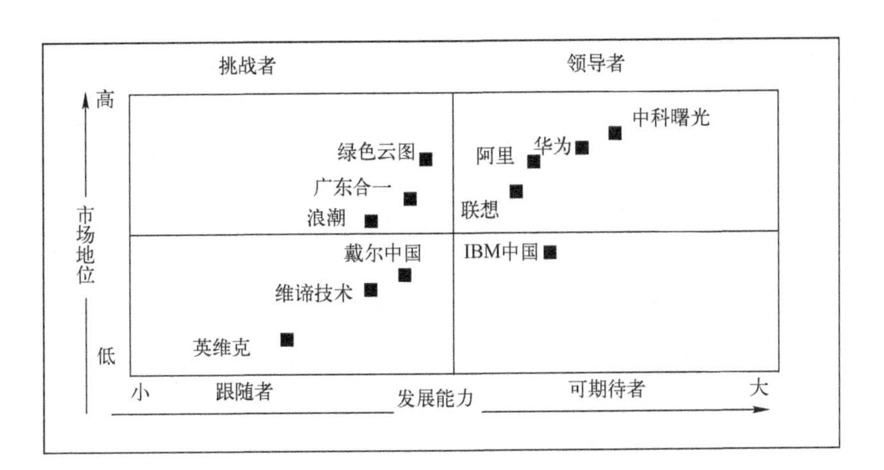

图4-10　中国液冷整体解决方案厂商竞争力矩阵图

数据来源：中国通服数字基建产业研究院。

1）浸没式液冷技术解决方案代表厂商：绿色云图。

深圳绿色云图科技有限公司是网宿科技的子公司，提供基于浸没式液冷技术的绿色数据中心整体解决方案。绿色云图基于独有的直接浸没式液冷技术（DCLMs：Data Center Life-cycle Management service），根据客户不同行业、应用、需求提供量身定制的解决方案，包括微型液冷数据中心解决方案、中大型液冷数据中心解决方案、集装箱液冷数据中心解决方案等。下面分别介绍。

- 微型液冷数据中心解决方案：采用直接浸没式液冷散热方式，将微型液冷机柜、企业云服务、硬件资源管理平台集成于一体，轻松实现在本地搭建拥有企业云功能的数据中心。无须配建机房，现场快速部署，可广泛应用于边缘计算、CDN 节点、5G 基站等。具有快速部署、高效散热、高度融合、安全防护等功能特性。
- 中大型液冷数据中心解决方案：可提供集易选址、超静音、PUE 逼近 1.0、高功率密度、更低 TCO 等优势于一体的新型绿色节能环保液冷数据中心。适用于互联网企业、通信运营商、连锁企业等场景。具有低碳环保、节约成本、高效散热、安全可靠、易于选址等功能特性。
- 集装箱液冷数据中心解决方案：在集装箱数据中心的基础上，融入创新的服务器浸没式液冷技术，除了拥有常规集装箱数据中心快速部署、易于选址、扩展灵活等特点外，还具有高功率密度、节能降噪、绿色环保等优点。

绿色云图的液冷数据中心解决方案具有节能降耗、节约成本、高热密度、安全可靠、静音低噪、绿色环保六大优势。

绿色云图研发的 DLC 直接浸没式液冷技术在云计算、融媒体、视频渲染等领域已进入大规模商用阶段。已为中国移动、大象融媒、网宿科技、秦淮数据、浪潮等多个客户提供浸没式液冷解决方案，助力客户实现高效散热、节能降耗、快速部署等需求[1]。

2）喷淋式液冷技术解决方案代表厂商：广东合一。

广东合一新材料研究院有限公司是一家基于超导热材料技术，专注热管理和热控系统解决方案的服务商及产品开发制造商，公司利用自主研制的超导热材料，开发出具有完全自主知识产权的“芯片级喷淋液冷技术”，推出了最新一代微模块喷淋式液冷数据中心产品，以解决集群机柜的节能降耗问题。

广东合一最新一代微模块喷淋式液冷数据中心产品主要分为室外机组、机架、储液箱、连接管路几个部分。空间上，机架与储液箱在同一位置且位于储液箱上方。室外机组为一个独立的集成模块，通过管路与储液箱连接。

该产品运行原理为：冷却液[2]被送入服务器的机架主管路，之后通过机架支管路分配到各层服务器上的喷淋板；液体通过喷淋板上的喷淋孔将冷却液输送至所需冷却的服务器零部件；被服务器加热之后的冷却液汇集于回流管并通过重力作用汇聚至机架下部的储液箱；储液箱中的冷却液通过循环泵注入室外机组进行冷却，之后进入过滤器进行过滤；被冷却过滤后的冷却液再次通过循环主管路进入机柜对服务器进行制冷。

总体来看，广东合一最新一代微模块喷淋式液冷数据中心产品的优势明显。一是节能降噪：低功耗（满负荷工作节能 30%），低 PUE 值（<1.1，风冷 1.77～2.15），总节能 54%，服务器无风扇结构，基本达到静音状态；二是密度高：2 个风冷机架的服务器单元可以集中到单个机架中（若改变服务器的主板设计，同性能下可以将原有服务器降低到 1/4～1/6 的体积和尺寸）；三是可靠性高：低芯片表面工作温度相对风冷大幅下降，电路板表面被冷却液覆盖：天然防尘、防潮、防盐雾、防霉变、防静电；四是部署灵活：无须空调/新风系统、无须防尘/防潮系统，对机房环境的要求不高；五是延长使用寿命：芯片内部结温低（41～43℃，风冷 65～67℃）功耗小，稳定工作寿命延长 0.5 倍；六是大幅降低全寿命使用费用：服务器硬件成本相同，冷却系统节省经费 60%，节能 54%，寿命延长 0.5 倍，全寿命周期成本降低 37%。

广东合一最新一代微模块喷淋式液冷数据中心产品可广泛适用于金融、政府、教育、医

---

[1] 资料来源：参考《绿色云图的全浸没式液冷数据中心解决方案》相关介绍材料。

[2] 广东合一喷淋液冷方案采用的冷却液是一种植物油，该植物油经过特殊的抗氧化处理，使用寿命可以达到 10 年以上，特性包括绝缘、导热、安全、可靠。

疗、市政、中小企业私有云、高运算量设计公司的小中型数据中心、分支机构机房、改造型机房、扩容性机房等。

3）其他综合厂商：阿里、中科曙光、华为、联想等。

除了绿色云图、广东合一等新能源、新材料专业公司外，阿里、中科曙光、华为、联想等综合厂商也纷纷入局液冷数据中心解决方案市场。各厂商液冷解决方案概况见表 4-3。

表 4-3　主要综合厂商的液冷解决方案概况

厂商名称	液冷解决方案	核心优势	应用实践
阿里	单相浸没式液冷解决方案（主要产品有磐久液冷一体机、磐久液冷集装箱、液冷监控系统及平台等）	✓ 极致能效：PUE 达 1.09 ✓ 极高密度：可支持 20～100kW+ ✓ 高利用率：资源利用率提升 50%+，一次投资十年可用 ✓ 低故障率：相比风冷失效率下降 50%+ ✓ 灵活部署：可在任何气象区域部署，易实施，易运维 ✓ 极低噪声：无风扇设计，相比风冷下降近 50dB	➢ 北京冬奥云数据中心：规模约为 60 个 tank（用于安装服务器/交换机的浸没式箱体），共计约 2200 台液冷服务器，局部 PUE 达 1.04 ➢ 阿里巴巴仁和液冷数据中心：单栋楼可部署约 3 万台液冷服务器，全球首座绿色等级达 5A 的液冷数据中心，全年平均 PUE 达 1.09
中科曙光	采用浸没式相变液冷的硅立方液体相变冷却计算机	✓ 极高密度：单机柜功率密度可达 160kW ✓ 能效提升：能效比提升 30%，PUE 低至 1.04 ✓ 高效散热	➢ 已在北京、南京、山西、甘肃、合肥等多个省市建设应用
华为	FusionServer 板级液冷系统方案	✓ 高能效：冷却 PUE 低于 1.1 ✓ 高集成 ✓ 高可靠 ✓ 易维护	➢ 华为云乌兰察布数据中心：全球首个批量部署 FusionPOD 液冷服务器的云数据中心，年平均 PUE 不超过 1.2
联想	基于温水水冷技术的冷板式液冷系统方案	✓ 多项学科的科研结晶：汇聚材料学、微生物学、流体力学、传热学 ✓ 高单机架功率、高密度：ThinkSystem SD650 V2 服务器支持 270W 的 CPU ✓ 绿色低碳：PUE 值降低到 1.1，实现每年超过 42%的电费节省和排放降低 ✓ 高效散热	➢ 为北京大学打造了国内首套温水液冷服务器高性能计算系统,PUE 值为 1.08 ➢ 马来西亚气象局数据中心为更好地捕捉局部强对流天气，配置了联想的冷板式液冷设备

资料来源：企业官网、赛迪顾问、《阿里云液冷数据中心实践》等。

（5）氟化液产品介绍

氟化液是浸没式液冷的理想冷却介质。由于氟化液产品具有无毒性、不可燃性、低介电性和低黏度等特点，氟化液成为浸没式液冷的理想冷却介质。目前应用到浸没式液冷的氟化液种类包括 YL-10、YL-70、FC-40 和 PFPE 等产品。其中，YL-10 应用于浸没式相变液冷，

YL-70、FC-40 和 PFPE 应用于浸没式非相变液冷。相比于 FC-40、PFPE，YL-70 在满足应用条件的情况下更具有经济优势，有助于浸没式非相变液冷的推广。应用于浸没式非相变的 PFPE 为沸点为 130～170℃左右的产品，且 Y 型 PFPE 产品比 K 型 PFPE 产品更具有经济优势。

氟化液工艺优化和国产化推动氟化液成本不断下降。氟化液是浸没式液冷的主要成本，占比近 70%。因此，氟化液成本将决定浸没式液冷的规模化推广程度。未来随着液冷市场规模的逐年上升，氟化液生产工艺的不断改进，国产替代进口氟化液进程的加速，氟化液的成本呈逐渐下降趋势，并逐渐贴合主流设备厂商对氟化液产品成本的预期。

据中化蓝天测算，以目前两款主流产品 YL-10 相变氟化液和 PFPE 非相变氟化液为例，在工艺上按目前生产工艺、优化生产工艺和理论极限工艺、原料价格按正常价格和低价格两种情况进行测算，具体见表 4-4（单位：元，价格含税）。

表 4-4 YL-10 相变氟化液和 PFPE 非相变氟化液原料价格

	YL-10		PFPE	
	原料正常价格	原料低价格	原料正常价格	原料低价格
目前工艺	99492.41	75290.95	192167.65	152167.65
优化后工艺			132167.65	106167.65
理论极限工艺	88990.95	68990.95	108851.65	91251.65

氟化液供应商基本上为氟化工行业的化工企业。主要氟化液种类及各代表厂商见表 4-5。

表 4-5 主要氟化液种类及代表厂商列表

氟化液种类	代表厂商
YL-10 和 YL-70	中化蓝天、浙江诺亚、巨化和浙江利化等
FC-40	3M、江西国化、武汉化学研究所等
Y 型 PFPE	索尔维、晨光博达等；巨化在建 1000 吨/年的 Y 型 PFPE 生产装置；中化蓝天子公司在进行 Y 型 PFPE 中期试验

4.1.3 电力技术

电力是数据中心的生命线。一方面，数据中心是能耗大户，其电力消耗是巨大的；另一方面，数据中心对电力可靠性的要求非常高，如数据中心的供电系统中，从变电站、高低压配电系统均是 2N 架构，同时根据机房等级会配置 2N 或 N+1 的不间断电源系统、柴油发电系统等进行安全保障，以确保任何情况下，数据中心均能安全可靠运行。数据中心供配电系统图如图 4-11 所示。

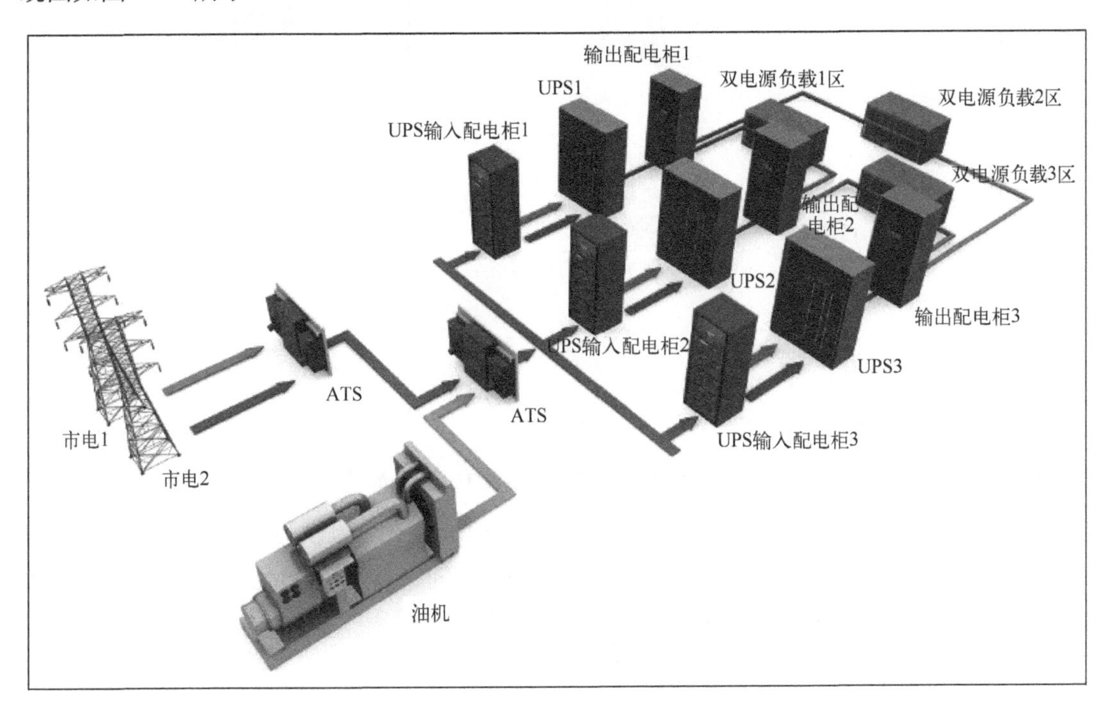

图 4-11　数据中心供配电系统图

为实现绿色高效，数据中心在电力系统上可选择以下低碳化措施，主要包含推进电力系统演变、推进供电架构演进、光伏发电系统引入、储能系统引入等，而企业也可推进数据中心融合光储充换多业态的多站融合设施建设，详见国家电网多站融合储能的案例介绍。

1. 电力系统演变

电力系统逐渐由设备级向系统级融合演进（见图 4-12）。新型电力系统具备四大优势：工程预制化，解决方案产品化，易快速部署；部件融合，高密模块化设计，模块即插即用；系统融合，提升机房利用率，供配电成本降低；供电线路高效、节能，机房效率提升，运营成本下降。

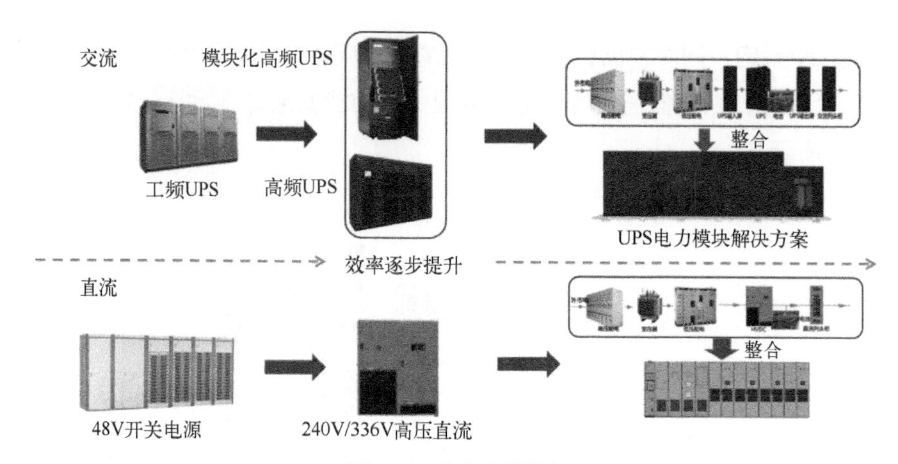

图4-12 电力系统演变

数据来源：中国通服数字基建产业研究院。

2. 供电架构演进

供电架构从 GB 50174 -2008 A 级向 GB 50174 -2017 A 级演进，新架构主要有以下技术特点：宜 2N 或 M（N+1）（M-2，3，4）；用一路（N+1）UPS 和一路市电供电方式（市电质量满足、柴油发电机能承受容性负载影响）；也可（N+1）冗余（两个及以上地处不同区域的数据中心同时建设，互为备份，且数据实时传输、业务满足连续性要求时）。

3. 光伏发电系统引入

在太阳能辐射的条件下，太阳能电池组件阵列将太阳能转换为直流电能，再经过逆变器、汇流箱/柜、并网柜变成交流电供给建筑自身负载使用，进而降低电力消耗，光伏发电技术原理见图 4-13。

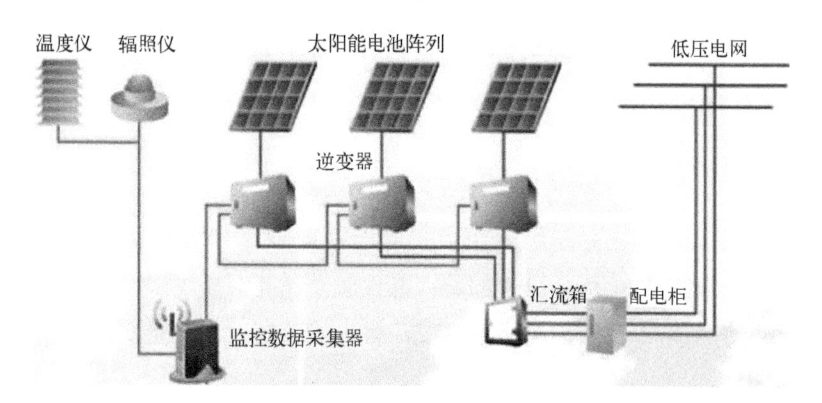

图4-13 光伏发电技术原理

《上海市互联网数据中心建设导则》也将光伏系统 PUE 调节因子纳入 PUE 计算标准，综合 PUE=P 基准-$\Sigma\gamma_i$；其中 γ_i 为调节因子，具体调节因子值见表 4-6。

表 4-6　光伏系统 PUE 调节因子值

	全年可再生能源年发电量达到总用电量的比例（X）	PUE 调节因子值
再生能源利用（光伏系统）	0.005%≤X<0.0075%	0.005
	0.0075%≤X<0.01%	0.01
	X≥0.01%	0.02

4．储能系统引入

通过削峰填谷减少用户购电成本，同时优化用户用电负荷，平滑用电曲线，提高供电可靠性、改善电能质量。实现需求侧管理，减小峰谷负荷差,改善城市整体能效。《上海市互联网数据中心建设导则》也将储能系统 PUE 调节因子纳入 PUE 计算标准，具体调节因子值见表 4-7。

表 4-7　储能系统 PUE 调节因子值

	全年蓄能放电量达到总用电量的比例（X）	PUE 调节因子值
峰谷蓄电	0.5%≤X<0.75%	0.005
	0.75%≤X<1%	0.01
	X≥1%	0.015

国家电网多站融合储能系统的建设是一个很典型的案例。该项目将 220kV 变电站由常规户外型变电站改为智能室内型变电站，占地面积由两万余 m^2 缩减至八千余 m^2，实现新建数据中心站、储能电站、分布式能源站、电动汽车充电站“多站融合”。该项目为国家电网第一个多站融合工程，浙江省试点示范工程。该储能方案的设计方案如图 4-14 和图 4-15 所示。

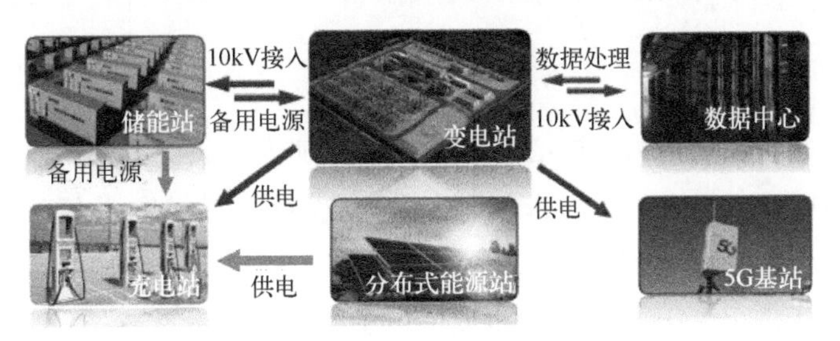

图 4-14　储能方案设计方案

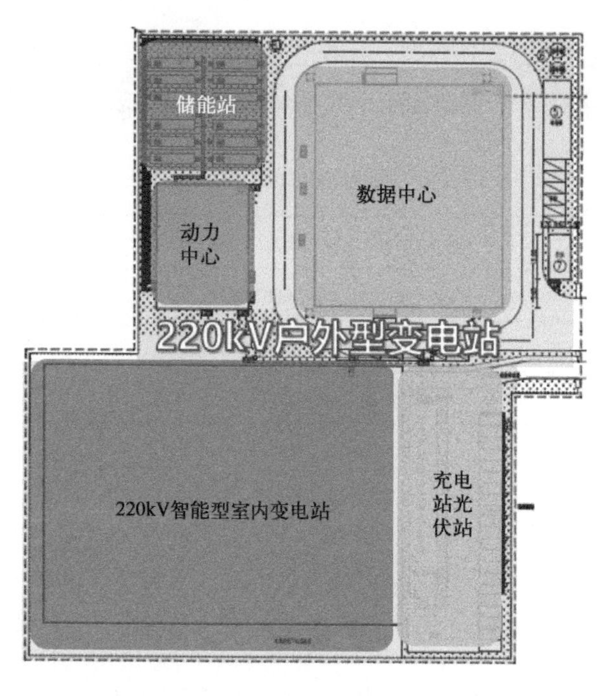

图4-15 储能方案设计图

此外，数据中心也可通过采用节能设备来降低能耗，如围绕数据中心供配电全环节，采用低损耗型变压器，优先使用能效等级较高变压器以及节能高效高频式UPS、高压油机等。

数据中心节能减排技术创新和迭代是一项长期、持续性的工作。俗话讲“三分建设，七分管理”，数据中心一旦投入运行后，数据中心运营管理维护就显得非常重要。面对内部复杂的数据中心制冷系统、供电系统及多变的外部环境，面对海量的运行数据和统计报表，实现数据中心的智能运维管理和能耗优化是一个难题。

“循环利用是低碳发展的重要环节，但往往被人所忽视，那么数据中心低碳循环利用有哪些好的途径呢？”咨询A在介绍完建筑、制冷、电力三大传统模块后，故意中途设置了悬念。

4.1.4 能源循环利用技术

数据中心行业蓬勃发展，数据中心电能消耗日渐加大，其能源利用效率低、经济效益差等问题凸显，节能减排、提高能源综合利用率成为我国数据中心行业低碳发展的重要内容，二次能源循环利用成为提高能源利用效率的重要举措，目前主流能源循环利用技术有余热回收应用和自然冷源应用，其中余热回收应用近年来开始兴起，备受关注。

1. 余热回收应用

余热资源来源广泛、温度范围广、存在形式多样。余热回收利用是指将生产过程产生的余热资源再次回收重新利用。余热资源属于二次能源，是一次能源或可燃物料转换后的产物，或是燃料燃烧过程中所发出的热量在完成某一工艺过程后所剩下的热量。我国余热资源丰富，广泛存在于各行业生产过程中，余热资源约占其燃料消耗总量的17%～67%，其中可回收率达60%，余热利用率提升空间大。按照温度品位，一般分为650℃以上的高品位余热，250～650℃的中品位余热和250℃以下的低品位余热三种。按照来源，又可分为烟气余热、冷却介质余热、废气废水余热、化学反应热、高温产品和炉渣余热以及可燃废气、废料余热。

我国数据中心发展催生巨大的余热回收潜在市场。随着数据中心部署向集约化、规模化发展，单个数据中心配置的机架数量和算力规模不断增长，数据中心的能耗和废热规模同比增长。根据工信部《2020年全国数据中心应用发展指引》，截至2020年初，我国在用数据中心机架规模约为315万架，平均单机架功率约为4kW，机架平均上架率为53.2%。经测算可知，2020年初，全国数据中心IT设备运行功率约6700MW，耗电约587亿kWh。据统计，数据中心消耗的电能中有近90%会转化为热能，若回收利用率为50%，则余热回收能力约为3015MW。按照42W/m^2来测算㊀，我国在用数据中心余热可供采暖面积约为0.7亿m^2。近五年来，全国数据中心规模增速保持在30%左右。若现有增速保持不变，到“十四五”末期，我国可用机架规模将达到1520万架。按照平均功率、机架利用率、余热回收率均不变进行测算，2025年末数据中心余热可供暖面积将高达3.4亿m^2。如果应用水源热泵等成熟的余热回收技术，回收利用率会进一步提升，供热规模也将不断扩大，数据中心余热回收潜在市场规模巨大。

欧美各国普遍进行数据中心余热利用，已形成固定回收模式，国内目前尚处于起步阶段。早在2010年，欧美国家就开始回收数据中心余热用于市政供暖，余热利用项目在瑞典、芬兰、丹麦、加拿大等国均已展现出良好的经济效益。例如，联合爱迪生公司销售的热量为0.07美元/kWh，其1.2 MW数据中心带来的年均余热收入约为35万美元，Apple、IBM、亚马逊、Google、H&M 等公司运营的数据中心均有余热回收的成功案例。目前，国内对余热进行回收并加以利用的数据中心数量仍较少，典型的有阿里巴巴千岛湖数据中心、腾讯天津数据中心、中国电信重庆云计算基地、万国数据北京三号数据中心、优刻得乌兰察布云计算中心等数家，尚处于起步阶段。

㊀ 根据《北京市“十四五”时期供热发展建设规划》，预测“十四五”期间全市城镇地区建筑综合设计热指标为42W/m^2。

现阶段，我国数据中心余热回收应用主要还存在以下痛点：第一，余热回收基础设施建设一次性投资成本较大，投资回收期长，一般在 3～5 年或以上，且安装相应设备需要企业部分停工停产，延长项目交付周期，影响数据中心交付周期，进而可能影响整体经济效益。第二，我国大多数据中心采用风冷降温，相较于液冷数据中心，风冷数据中心余热收集及运输难度较大，成本较高。从技术角度看，风冷系统携带热量介质为空气，存在余热流动缓慢、不适合长距离运输、品位低等缺陷，需要铺设更大的管道，投资成本高，且回收利用率低；液冷系统携带热量介质为冷却液，流动性强、品位较高、方便运输，相对于风冷系统，投资成本较低，利用率较高，更适合余热回收利用。第三，回收的余热理想化应用场景主要为生活供热，而数据中心大多建设在离市区人口密集区较远的地方，余热消纳应用场景不多，要建设长途运输管道等设备又将加大投资成本。

目前，我国数据中心回收余热应用场景主要涉及建筑供暖、生活热水、工业、农业等，其中应用最广泛的是生活供热。我国北方冬季为统一市政供暖，数据中心余热回收可替代市政供热，节省采暖费用，减少能源消耗。例如，腾讯天津数据中心余热回收利用项目，利用 DC1 栋机房冷冻水余热二次提温替代市政供热，节省采暖费用的同时降低冷却水系统耗电量，且进一步增强机房冷却效果，减少煤炭或天然气能源的消耗。其提取园区 1/40 的热量即可满足办公楼采暖需求，每年可节省采暖费 50 余万元，减少能耗标煤量达 1620 吨。相较国内余热回收应用场景，国外数据中心已有较多典型的应用实践，除了为就近设施供热之外，还应用到锅炉给水预热、生产冷却，吸附制冷、海水淡化、食品生产、转换为电能等场景，具体见表 4-8。

表 4-8　国外数据中心余热回收典型应用场景

名称	余热回收技术	应用场景	经济效益
俄罗斯 Yandex 数据中心	空气源热泵	为当地社区提供热水	为当地居民减少 5%的取暖费用支出
斯德哥尔摩数据公园	水源热泵、冷热电三联供	住宅供暖	为 2500 套住宅公寓供暖
瑞士 IBM 数据中心	空气源热泵	提高游泳池水温	满足当地居民 10%的供热需求
挪威 DigiPlex 数据中心	空气源热泵	数据中心办公区采暖	为 10000 套公寓供暖
巴黎电信数据中心	空气源热泵	为气候植物园供暖	模拟未来法国盛行的气候条件
加拿大某数据中心	空气源热泵	输送售卖给报纸工厂	提高能源效率，降低生产成本

近年来，国家及地方政策层面加快推动数据中心余热回收的发展。余热回收作为公认的推动碳排放降低的有效手段，欧洲数据中心碳中和协定中将其列为 2030 年碳中和的五大关键举措之一，近年来在我国备受关注，国家及地方层面高度重视余热回收发展。2022 年 11 月，工信部等六部门联合印发《国家绿色数据中心评价指标体系》，在“能源高效利用”维度中专设了“余热余冷利用水平”指标对所申报数据中心多种形式利用余热余冷情况进行评估；2022 年 7 月，北京市发改委发布《关于印发进一步加强数据中心项目节能审查若干规定》，表示数据中心应当充分利用自然冷源，通过自用、对外供热等方式加强余热资源利用；同时，鼓励性政策也在增多，北京经信局关于印发《北京市推动软件和信息服务业高质量发展的若干政策措施》的通知中明确对数据中心转型为算力中心或涉及余热回收、液冷、氢能应用的，按照固定资产投资的 30%进行奖励。

经过国内外多年研究，余热回收技术的应用已相对成熟，数据中心产业常见的余热回收技术主要有板换机组余热回收、热泵机组余热回收和水源多联机组余热回收。板换机组余热回收热空调系统水温高，需求规模大且集中，对热源品位要求不高，适合短距离输送；热泵机组余热回收空调系统水温相对较高，热需求规模大且集中，对热源品位要求较高，适合园区内输送，目前已有落地案例，详见以下三个项目。

（1）成都简州热泵机组余热回收项目

成都简州数据中心项目通过部署热泵机组、板式热换器、集装箱式热站，实现数据中心余热回收利用，为市政供热以及为园区生活热水提供支持。项目设计方案如图 4-16 和图 4-17 所示。

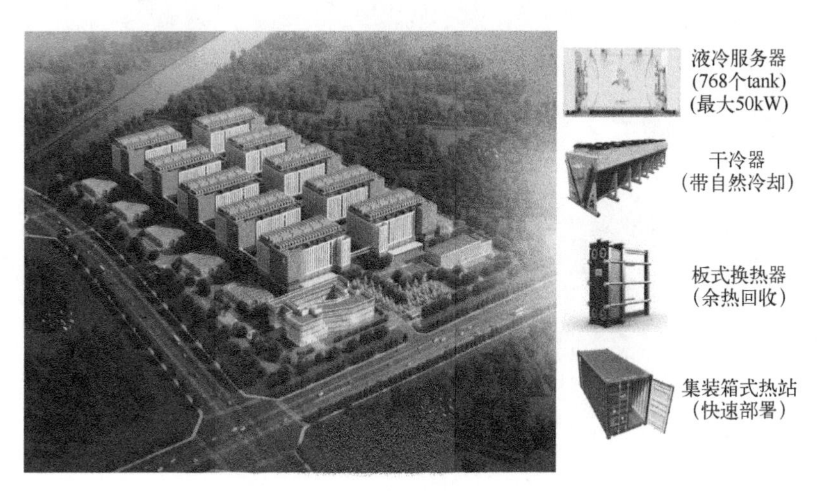

图 4-16　成都简州项目概览

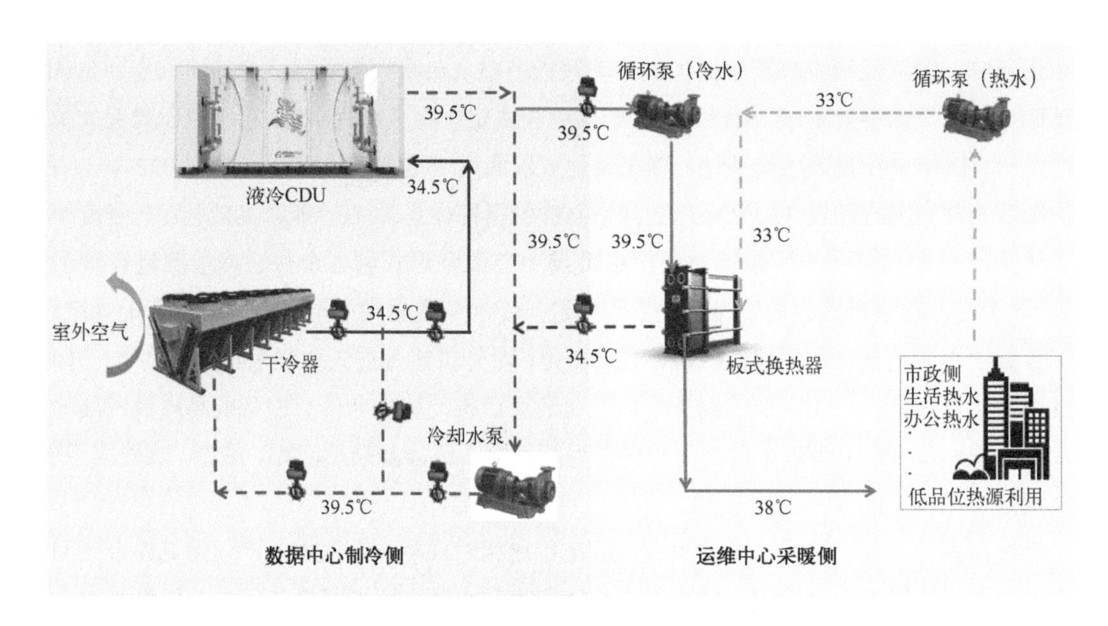

图4-17 空调及热回收系统架构

（2）乌兰察布热泵机组余热回收项目

乌兰察布数据中心项目具有920架风冷服务器，机架最高功率达到20kW，空调制冷主要采用风冷冷水机（带自然冷却）和AHU空调，同时通过封闭冷热通道，实现冷热隔离；通过部署320kW热泵机组，实现余热回收。项目设计方案如图4-18和图4-19所示。

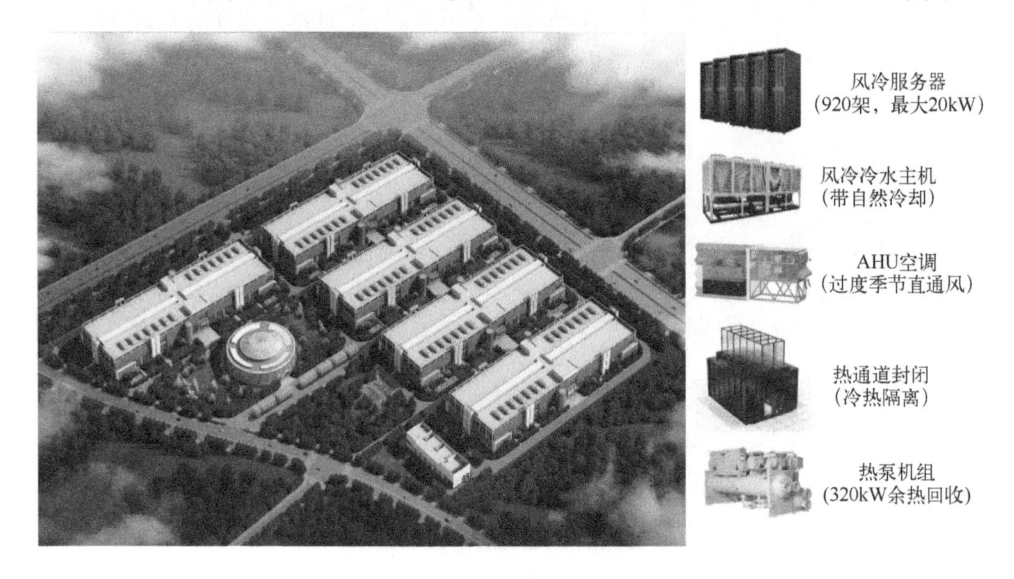

图4-18 乌兰察布项目概览

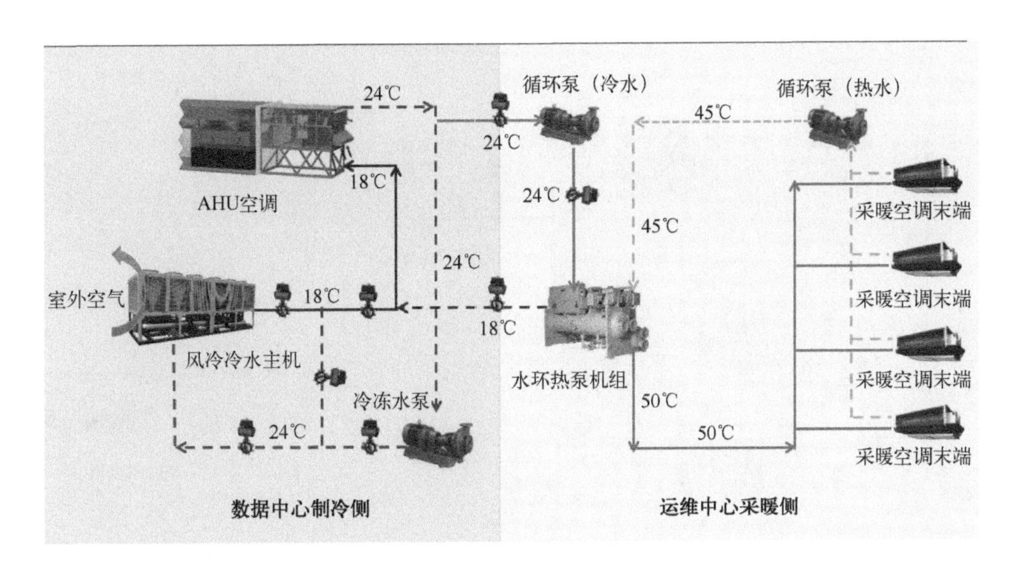

图 4-19　空调及热回收系统

（3）杭钢水源多联机组余热回收项目

杭钢云计算数据中心项目具有平均 5kW 的 1280 个风冷服务器以及 4 台水冷冷水主机，该项目通过封闭冷热通道，实现冷热隔离。同时，通过部署水源多联机，实现余热回收。项目设计方案如图 4-20 和图 4-21 所示。

图 4-20　杭钢项目概览

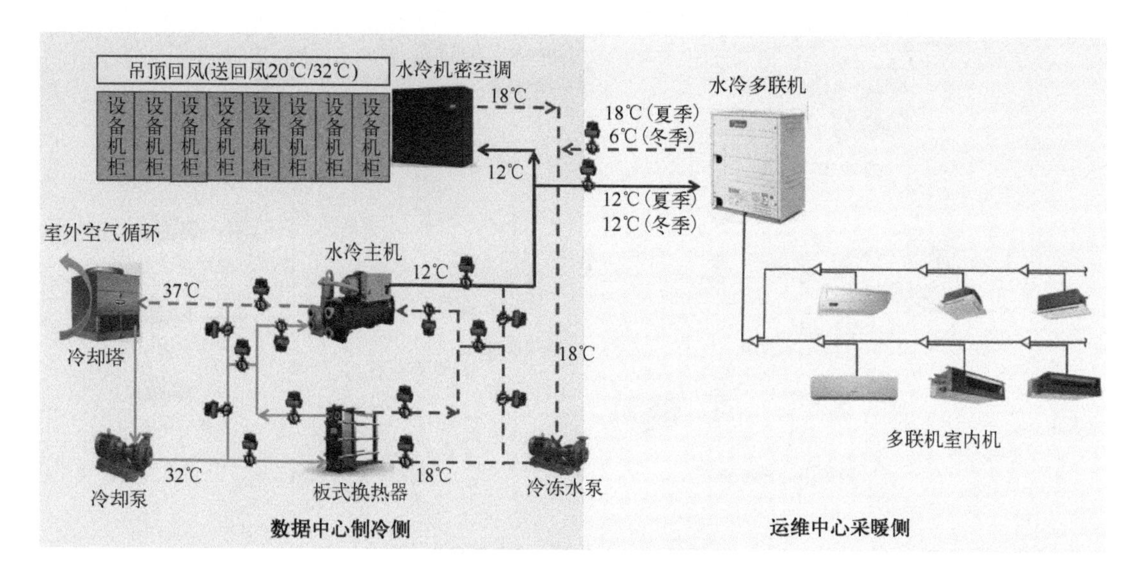

图4-21 空调及热回收系统架构

成都简州项目、乌兰察布项目、杭钢项目的方案对比总结见表 4-9。

表 4-9 案例方案对比

对比项	成都简州项目	乌兰察布项目	杭钢项目
项目地区	温和	寒冷	夏热冬冷
空调水温	34.5℃/39.5℃	18℃/24℃	12℃/18℃
热回收设备	板式换热器，低温采暖	热泵机组，高水温采暖	多联机组，冷媒采暖/制冷
热回收水温	33℃/38℃	45℃/50℃	—
单栋用电规模	20000kVA	20000kVA	10000kVA
热回收规模	单栋 15000kW/h（75%）	单栋 320kW/h（1.6%）	单栋 300kW/h（3%）
余热用途	市政热源	辅助区域供暖	辅助区域供暖/冷
PUE 影响	可实现免费制冷	热回收体量小，改善较小	热回收体量小，改善较小

2. 自然冷源应用

自然冷源应用技术是指利用室外的自然环境冷源，当室外空气温度低于室内温度一定程度时，通过相应的技术手段将室外冷源引入机房内，把机房的热量带走，达到降低机房温度的目的。据《国家工业节能技术应用指南与案例（2021）》和《国家通信业节能技术产品应用指南与案例（2021）》梳理，目前常见的自然冷源应用技术如下。

蒸发冷却技术：利用水蒸发吸热的效应来冷却空气或水，按照技术形式可分为直接蒸发冷却和间接蒸发冷却两种形式；按照产出介质分类又可分为风侧蒸发冷却与水侧蒸发冷却两种形式。间接蒸发冷却冷水机组属于水侧间接蒸发冷却技术，适用于新建和改造的数据中心以及低温、干燥、水资源丰富的地区，能效比≥15，PUE 值可低至 1.1，应用优势较明显，预计未来 5 年市场占有率可达到 35%。如新疆某数据中心使用新疆华奕新能源科技有限公司产品，采用 33 台制冷量为 230kW 的间接蒸发冷却冷水机组作为全年主导冷源，与压缩式冷水机组相比，年节电 2130 万 kWh。

氟泵双循环自然冷却技术：采用全变频技术、氟泵自然冷技术和蒸发冷却技术相结合，最大限度利用自然冷源，实现全年最优能效比。适用于新建和改造的数据中心，预计未来 5 年市场占有率可达到 20%以上。可以无水应用，对使用区域没有限制。使用该产品机房 PUE 可实现 1.25，而采用传统制冷技术的机房优化后 PUE 也可实现 1.4。如天津某数据中心共采用维缔技术 100kW 氟泵双循环自然冷却机组 60 台，年节电 800 万 kWh。

4.1.5　智能运营

从传统运维到智能运维再到全周期智能运营。数据中心的运营维护是至关重要的。我国数据中心早期规模较小，且基本采用人工运维。随着数据中心规模越来越大，系统越来越复杂，单纯靠人来维护管理难度逐步加大。针对大型或超大型数据中心或园区，智能化运维、运营管理逐步被纳入考虑，通过 5G+AI 人工智能技术结合，打造智慧园区统一管理平台，并实现智慧安防、智慧人脸、智慧运营、智慧展现等功能，推动数据中心从智能运维向全周期智能运营模式演进。

1. 智慧安防

智慧安防是数据中心智能运营的重要一环，主要包括智能化巡更路径、访客管理、车牌识别等功能。智能化巡更路径通过采用智能电子巡更系统，使巡更线路更明确合理，摒除巡逻死角，极大提升巡更智能化水平及管理效率。访客管理与车牌识别则通过访客门禁、车牌识别等技术明确人员进出信息、人员轨迹信息、人数统计信息等。

数字化视频监控技术给视频监控的多样化应用打开了窗口，为智能化安全防护系统的建设提供了更多可能性。除了满足日常安防的视频监控轮巡，更以“事后录像查询”成为日后审计和取证的主要手段。

2. 智慧人脸

智慧人脸主要配合 AI 算法、5G 机器人巡检、5G 自动驾驶等新兴技术，实现园区“一脸通”。例如针对即将进入数据中心的人员，通过 AI 算法，可以依靠人脸识别及早辨识出人员信息，并通过大数据分析来预测人员的安全等级，做出及时报警或提示，实现从“事中实时掌控”向“事前及早预防”转变。

另外，依托 5G 及机器人巡检可以实现在多种复杂环境下稳定视频监控画面，实时收集数据中心现场声音，为运营后台提供准确的现场实时情况。

3. 智慧运营

智慧运营主要利用空调群控系统的 AI 算法主动调优，保障空调系统持续稳定运行，同时将数据上传至 DICM 平台，实时监控机房运营情况，为系统优化提供服务保障。基于物联网传感器、边缘智控设备等，可将空调主机、水泵、冷却塔和阀门等接入系统平台，云端构建空调系统数字孪生，可视化实时监测设施设备运行状态及能耗，集“数据采集、能耗监测、AI 分析、云端智控、故障告警”为一体，实现系统全要素全状态的动态感知和全面洞察，能够全面提升运维管理质量。

4. 智慧展现

智慧展现主要通过采用基于 BIM 技术的可视化运维平台，实现数据节点与空间场景的结合，并在监控中心大屏上集中展示。可视化运维平台通过对事件、智能统计信息、设备状况等海量数据进行深度加工，进行多维度的数据挖掘，比如分析 CPU 利用率与耗电量关系，蓄电池 BI 数据挖掘下的故障预警、冷机冷凝器/板换清晰预判等，并通过丰富的数据可视化形式展现，使管理人员及时掌握整个系统运营的各项数据。中国银行总行金融科技云基地和林格尔新区项目是智慧展现的典型案例，该项目效果图如图 4-22 所示。

图4-22　中国银行总行金融科技云基地和林格尔新区项目效果图

中国银行总行金融科技云基地和林格尔新区项目位于内蒙古自治区呼和浩特市和林格尔新区云谷片区西南端，属于“东数西算”枢纽节点，在气候条件、电力资源、网络资源方面有着得天独厚的优势，非常适合建设大型绿色数据中心。该项目规划基础设施总投资约 113 亿元，总建筑面积 41.42 万 m^2。园区按功能分为运维研发区、总控中心区、机房区，各分区建筑采用中轴围合式布局，共容纳 16 幢数据中心，可布置机柜数 31160 个，设计规模超 30 万台服务器以上的云计算能力。项目规划分三期建设，其中一期总投资约 18.8 亿元，总建筑面积 13.3 万 m^2，位于园区北侧，包括四栋数据中心、两栋动力中心、一栋备品备件、五栋运维研发配套、一栋 ECC 中心等。计划于 2022 年 7 月 30 号工程主体封顶，2023 年 7 月 30 号具备 2.7 万台服务器的装机条件。

该项目是中国银行构建“四地五中心”分布式架构、实现“均衡分布、两翼齐飞、多点多活、绿色智能”的 IT 基础设施战略布局，也是中国银行响应“东数西算”政策、支持内蒙古自治区重大项目建设、助力金融改革创新的重要举措。

该项目是金融行业携手内蒙古自治区政府打造中国金融云谷的首个项目，也是绿色金融数据中心的标杆项目。建成后数据中心全年平均 PUE1.18，达到国际领先水平，可满足 Uptime Tier IV 等级要求和园区 LEED 金级标准。

该项目结合当地特点，充分考虑节能节水需求，本次采用 AHU 间接蒸发冷却机组与风冷冷水机组组合，形成两套独立空调系统，适应多种空调末端形式，节能节水、相互备份、安全可靠。供电方式采用同层居中供电系统，灵活便捷。

数据机房管线很多，该项目采用 BIM 技术进行模型搭建，通过设计可视化、施工协同化、监理规范化、运维精准化等多种手段，提高数据中心生产效率、缩短建设工期、节约建设和运营成本，实现数据中心基础设施全生命周期数字化、可视化、信息化的功能，力求打造金融行业内标杆性的智慧创新绿色园区。

该项目中，多种关键核心技术灵活适用于各等级机房，如“各类资源池化”“双向地下管廊”“无柱模块化机房”“同层居中供电系统”“间接蒸发冷却”“BIM 技术”“DCIM 智能运维+5G 人工智能”“全楼层大荷载”等，可满足不同功率密度的需求。

4.1.6 绿电应用

国家“双碳”“东数西算”政策加快绿电应用进程。在相对满负荷的情况下，数据中心电费成本占其运行总成本的 80%以上。为降低数据中心用电成本，国家鼓励数据中心探索推动电力网和数据网联动建设、优化协同运行机制；引导清洁能源开发使用，提高清洁能源（绿电）应用比例[⊖]。目前，我国主要在大力推广光伏发电和风力发电，随着国家“双碳”和“东数西算”政策出台，未来化石能源使用将会受到严格限制，风、光电加储能模式应用将会得到大力发展，绿色数据中心将会靠近绿电富余地区建设，实现就地消纳，最直接、高效地减少数据中心碳排放，真正意义上做到电力源头绿色，实现零碳数据中心打造。

目前有五种绿电获取模式助力数据中心绿电应用。

1. 绿电交易、绿证购买

绿证交易采取“证电分离”的方式开展，即可再生能源发电企业单独售卖绿证；绿电交易采取“证电合一”方式销售，即用户在购买绿电的同时自动获取从发电企业转移过来的绿证（目前划转流程尚未真正打通，用户仅收到电力交易中心出具的绿色电力证明），具体流程如图 4-23 所示。

⊖ 《关于加快构建全国一体化大数据中心协同创新体系的指导意见》。

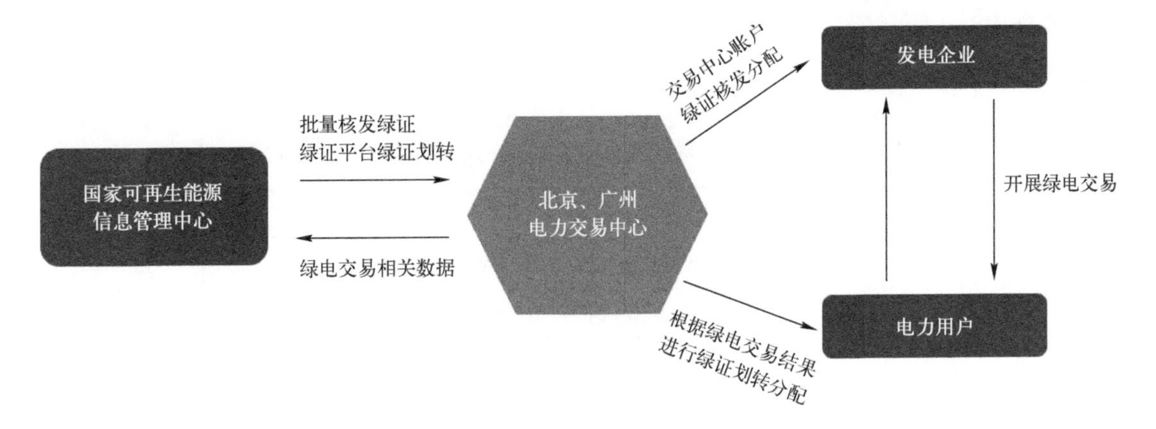

图 4-23 绿证获取、绿电交易流程图

2. 采用分布式电站就近消纳

近年，我国分布式新能源发展迅速，其中分布式光伏电站表现尤其突出。根据国家能源局披露数据，从累计并网容量看，截至 2021 年底，我国光伏累计并网容量达到 30599 万 kW，其中分布式光伏 10751 万 kW，占比 35%，为数据中心通过采用分布式电站就近消纳获得绿电提供了良好的外部环境基础，助推降低运行成本、提高用能的安全性和可靠性。

3. 集中式绿电发电站供电

集中式绿电发电站供电主要通过电网公司的电网将大型新能源发电站的清洁能源输送到用电侧来实现电力脱碳，主要有集中式风电、集中式光伏发电等。集中式发电在国外发展较为成熟，领先的云厂商及第三方数据中心运营商均通过自主建设或投资方式在全球拥有多个集中式发电站，具体详见表 4-10。如亚马逊在全球已建成及计划建设 37 个风电场、116 个太阳能电场。从 2016 年开始到目前仍在积极建设中，未来计划在美洲、欧洲、亚太地区继续建设风电场，为各种亚马逊设施包括数据中心提供可再生能源。

相较于国外，目前国内集中式电站还处在发展初期，应用规模不大。根据绿色和平组织的《绿色云端 2022》报告统计，在评估的 24 家领先互联网云服务与数据中心企业中，仅 1 家企业开展了集中式光伏电站建设，多数为分布式电站和绿电交易方式。2021 年，秦淮数据获批建设 150MW 自发自用光伏智能电站，是中国算力新基建领域首个获批自发自用可再生能源电站，但其电力仍然并网，不过由于并网电力大于数据中心用电量，对外宣称是纯绿电数据中心。近年来，万国也通过投资收购大型集中式风电电站等方式，推进打造零碳数据中心。

表 4-10 国内外部分数据中心运营商集中式发电场概况（部分）

<table>
<tr><th>服务商</th><th colspan="2">发电站种类</th><th>获取方式</th><th>年份</th></tr>
<tr><td rowspan="7">AWS</td><td rowspan="3">风电场</td><td>北卡罗来纳州风电场，208MW</td><td rowspan="7">自主建设</td><td>2016 年</td></tr>
<tr><td>中国风电场，100MW</td><td>2023 年</td></tr>
<tr><td>德国风电场，350MW</td><td>2025 年</td></tr>
<tr><td rowspan="4">太阳能电场</td><td>中国山东太阳能电场，100MW</td><td>2021 年</td></tr>
<tr><td>南非太阳能电场，10MW</td><td>2021 年</td></tr>
<tr><td>德克萨斯州太阳能电场，500MW</td><td>2023 年</td></tr>
<tr><td>法国太阳能电场，23.4MW</td><td>2025 年</td></tr>
<tr><td>Equinix</td><td colspan="2">巴西圣保罗太阳能电场</td><td>自主建设</td><td>2017 年</td></tr>
<tr><td>秦淮数据</td><td colspan="2">集中式光伏电站，150MW</td><td>自主建设</td><td>2021 年</td></tr>
</table>

数据来源：官网资料、专业网站收集等。

“东数西算”加快国内集中式绿电站与数据中心融合发展。随着国家“东数西算”工程的推进，大量的数据中心将在内蒙古、甘肃、宁夏等西部地区建设。未来，为充分利用西部地区丰富的太阳能资源和广袤的土地资源，并从源头上降低碳排放，集中式绿电发电站供电也将会有更多的应用。2022 年，《宁夏回族自治区可再生能源发展“十四五”规划》提出，加快推进集中式光伏电站建设，到 2025 年，集中式光伏发电装机达到 3250 万 kW 以上；加强风能资源精细化评估，统筹电网接入和消纳条件，稳步推进集中式风电项目建设。

集中式绿电发电站在具体实施中也存在投资成本高、电力输送难等问题。一方面，数据中心企业直接投资建设集中式风电、光伏电站需要高额的前期投资，投资风险较大；另一方面由于新能源的发电点通常位于距离数据中心较远的地方，靠近合适的新能源发电站选址部署数据中心通常缺少客户和网络两个重要资源，而跨区域进行电能输送则会面临损耗大、运维成本高等难题。

4. 绿电市电混合供电

在数据中心的供配电系统中双重市电是比较常见的配置方案。未来外电源的颜色将更加受到关注，可能会有一路或者双路的可再生能源接入，即采用绿电与市电混合的模式。宁夏正在试点绿电与市电混合模式，一路采用绿电，另一路采用市电，并要求绿电占比超过 60%。但此种模式下如何保证高占比绿电的稳定可持续供能是个关键问题，围绕源网荷储+多能互补发展目标，打造集中式的绿电智慧运营园区将会是可行途径之一。

5. 绿电溯源 100%供给

数据中心在建设阶段与 EPC 总承包公司合作，从布局选址、PUE 设计、节能技术应用和绿色能源利用等方面出发打造零碳数据中心，完成绿电全覆盖。如中国电信青海零碳大数据采取绿电溯源跟踪，保证 100%绿电供给。

中国电信（国家）数字青海绿色大数据中心园区，总建筑面积 7.2 万 m^2，总投资概算 10 亿元，规划建设数据中心机楼 5 栋，动力中心 1 栋，运维中心 1 栋，总装机容量约 1 万架。数据中心对布局选址、PUE 设计、节能技术应用和绿色能源利用等方面充分考虑，积极引入绿色元素，竭力打造中国电信首个新建“零碳”数据中心。数据中心具备绿色、低碳、可溯源及 100%清洁能源等优势，受到了业界广泛关注。中国电信（国家）数字青海绿色大数据中心项目效果图如图 4-24 所示。

图 4-24　中国电信（国家）数字青海绿色大数据中心项目效果图

该项目的特点如下所述。

- **数据中心的所有用电都是绿色电能。**园区自建的光伏车棚发电，能够实时追溯发电量及光伏发电在机房通信机架上的使用情况、光伏发电储能情况。同时，可联合国家电网开发的大数据平台，实时展现 100%全绿电可溯源供应数据——风电、光电的占比等。
- **数据中心结合青海气候条件优势降低能耗。**空调系统充分利用自然冷源，采用了蒸发冷却冷水机组复合水冷冷冻水系统的空调系统形式。利用过渡季节或冬季较低的室外气温及干空气能供冷源，减少制冷机组开启时间、降低能源消耗。即当室外湿球温度≤12℃时，由间接蒸发冷水主机（塔）供冷；当 12℃<室外湿球温度≤16℃时，联合供冷；当室外湿球温度>16℃，由冷水机组单独供冷。全年实现超过 314 天无须开启制冷机组，PUE 值达到 1.2 以下，属于全国先进水平。
- **数据中心广泛应用低碳节能技术。**利用智慧网管平台实现智慧运营，数据中心空调群控系统、动环监控系统、安防监控系统、智慧网管系统等集成后在 ECC 监控大屏上显示，运维值班人员能够实时监控机房状态。同时，采用高压直流、智能小母线等新型节能技术；机房内设有全时全方位智能巡检机器人，防范设备及机房合规性风险。低碳、节能技术被应用在数据机房的方方面面。

“上述的技术分析很清晰，低碳商业模式在近期公开场合也提得较多，能否就数据中心低碳商业模式做一下分享？”听了咨询 A 关于技术的详尽解读后，在场听众一致表示对低碳商业模式颇感兴趣。

4.2 借助低碳商业模式创新挖掘价值

4.2.1 探索合同能源管理模式

1. 改造内容分析

在数据中心低碳化改造中，合同能源管理模式（Energy Management Contract，EMC）应用较多。在分析管理模式之前，需了解改造内容。通过对多个实际案例分析，可以发现当前合同能源管理的改造内容以空调、电力等设备侧置换升级为主，以空调 AI 升级为核心手段的管理侧节能正在加快渗透，同时部分场景也有叠加储能、电池质量治理等新需求。具体如图 4-25 所示。

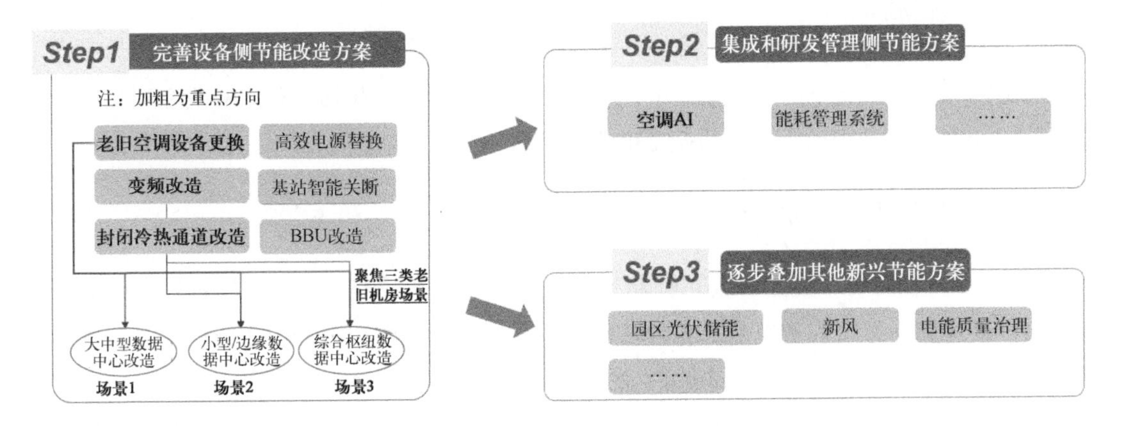

图 4-25 合同能源管理改造内容

数据来源：中国通服数字基建产业研究院。

2．改造模式分析

合同能源管理可以细分为多种模式，当前节能效益分享型是最常见模式，指由节能服务公司提供节能设备的投资、设计、改造施工、安装、调试及合同期内的维护保养工作，客户与节能公司共同对合同期内的节能收益进行分享。

操作模式要点主要分为以下五点。

1）效益分享期内双方共同分享项目的节能效益，分享期和分享比例由双方谈判确定。

2）上一年度的耗电量基准值由双方协商达成一致后确定；改造后新系统单独设置电表实施计量，系统稳定运行一个月后开始实施计量。

3）合同期内系统的维护及相关费用均由节能服务方负责。

4）合同期满后，设备所有权归客户所有。

5）如节能量达不到预期目标，节能服务方应采取进一步技术措施和手段保证预期节能量的实现，保证客户的收益。

需要注意以下情况。

1）节能目标会计入合同，一般对改造后 PUE 和年节电费用有约束要求。节能目标达成与服务器装机负荷率关系较大，如在为区域运营商改造案例中：改造项目总投资约为 280 万元，在目前的服务器装机负荷率下，改造后每年节省电费 51.8 万元，投资回收期约为 5.4 年。当负荷率达到 100%时，系统节约电费 72 万元/年，投资回收期缩短为 3.8 年。为达到要求，当前“EMC+O”即叠加后期运营服务成为可选的新模式。

2）节能效益不仅要考虑节电量，还要考虑机柜盘活带来的收益。盘活一方面是电力节省后的空间冗余，另一方面是机柜标准化后的利用率提升。如在为某企业的改造项目中，约定年节电 800 万元，相当于盘活机架 230 架，增加收入 2000 多万元/年。

3. 效益计算及分享流程

1）计算：客户与节能服务公司针对节能改造后的节能效益的计算方法进行详细的讨论和研究，最终确定了节能效益的计算方法。首先，确定能耗监测电表的安装位置和原则，经双方同意后，尽快完成能耗监测电表的安装工作。安装了智能电表后，后续的测量计算工作即可展开，方便确定节能量和能耗基准线。节能量的计取主要遵循准确性、完整性、透明性的原则，以能耗计量电表测量的数据作为计量的基础，并引用 PUE 进行相应的核算，以适应各种设备的增减变动情况。节能量的计算主要参考了国家的相关标准。

2）分享：客户与节能服务公司的节能效益分享自节能改造完成后开始实施，分享的基本原则是节能服务公司在开始几年分成占主要比例，客户占次要比例；合同结束后，设备和经济效益全部归客户所有，节能效益分享如图 4-26 所示。

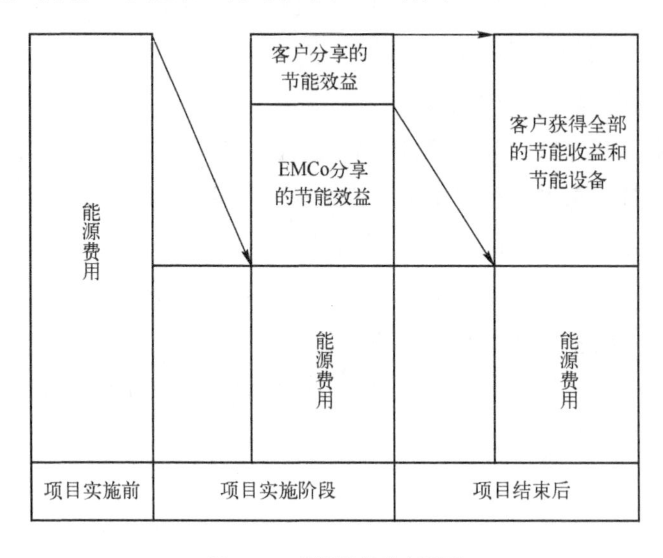

图4-26 节能效益分享图示

4. 前期投资垫资问题

前期垫资问题对于资金不充裕的企业而言是一大挑战，可以尝试从政府支持、行业平台、金融合作等方式实现突破。

如 2022 年，为进一步拓宽节能服务公司融资渠道，缓解节能服务公司融资难、融资贵的问题，中国节能协会节能服务产业委员会（EMCA）与华夏银行、民生银行、上海银行、三井住友银行、马鞍山农商银行、中关村融资租赁、平安租赁、三井住友融资租赁、诚泰融资租赁、中能化融资租赁、仲利国际租赁、中电科融资租赁、亦庄国际租赁、招商证券、中邮证券、中节能资本、北京绿色交易所等多家金融机构和众多有资金实力的节能降碳投资公司建立了良好的合作关系，研究适合节能服务公司及合同能源管理节能降碳项目的新模式和新思路，共同推进节能服务公司的快速发展。

又如与银行、客户合作的创新模式。节能服务公司为用户进行节能服务，垫资实施节能项目后，达到合同验收标准但不按期支付使公司面临着很大风险，近年来，某公司开始尝试一种与客户、银行之间创新的支付模式，就是在合同签订之初就把银行引进来，节能公司负担节能项目的开发和投资，跟客户签节能服务合同，同时资金来源是银行，而项目建成以后产生现金流到银行那里，建立这样一个三方关系。节能服务公司只需要承担项目验收风险，验收之后客户就必须支付节能服务费用，如果出现用户赖账问题，就会在银行留下“污点”记录。

又如河南省政府牵头构建节能投融资平台，为节能项目拓宽融资渠道，建立一种创新型融资模式。

“很有趣，租电分离现在也提了很多，能否就这点讲一些实际案例？”通信 B 接着问。“当然可以，下面我就租电分离和更加有意思的绿色定价做个分享”咨询 A 立刻回应。

4.2.2　探索租电分离新模式

近来，租电分离模式成为互联网大客户的普遍诉求，需进一步明确相关合作模式。互联网大客户为了降低电费成本，分享 PUE 下降后的红利，纷纷开始要求租电分离，即电费由自身直接来支付。这种模式对于数据中心服务商而言，无疑是消极的。原先包电模式下，月租或者年租是约定 PUE 下的价格，因此服务商有动力通过努力将 PUE 优化以此来获取更高净收益。

举一个例子来详细说明这种模式。

大客户 A 与服务商 B 达成约定，采用租电分离模式来计费，当实际 PUE 大于承诺 PUE（如 1.5）时，则要求服务商 B 承担额外的电费；当实际 PUE 在 1.4～1.5 间时，不与服务商 B 分享电费压降获益；当 PUE 低于 1.4 时，部分获益与服务商 B 分享。

由此可见，这种模式对于服务商而言比较被动，但在当前大客户高话语权的情况下，这种模式难以拒绝，只能在模式设定上争取主动权。

展望未来，租电分离模式会越加普遍，也开始出现从互联网客户向其他行业客户延展，因此，要求服务商与客户在成本核算、模式设计上进行更多投入。

4.2.3 探索绿色定价新策略

面向未来，数据中心低碳成本核算及收益要开始考虑与碳交易的关系。

对于将 ICT 纳入碳配额管控的区域，要充分考虑数据中心通过节能减排实现的碳交易成本或收益，如北京电信 2021 年碳配额不足购买成本超 800 万元，能耗大头就是数据中心。当前碳交易平均价格约为 40～50 元/吨，随市场行情会有波动，但整体呈现下降趋势，定价依据主要是全国全经济尺度的边际减排成本。

第5章
数据中心智能服务之道

智能服务之道从视图和路径入手，落到重点价值产品，既有体系，更有抓手。

5.1 构建数据中心智能产品服务视图

算力时代，服务为王。20年的发展，使得国内数据中心产业难以避免地进入相对成熟期，而近年来政策的红利和投资的火热进一步加剧了数据中心市场竞争的白热化，竞争要素似乎从“资源为王”转向了“低价为王”。试问，果真如此么？笔者认为低价竞争只是暂时现象，纵观产业发展规律，随着数据中心向算力升级，服务才是长久之道，场内企业破局数据中心“内卷”、迈向新竞争格局的关键是坚定不移地构建领先的智能产品服务体系。

“时代变革下，数据中心服务能力越来越受重视。”通信B和跨界D均感慨道，“我们也在一直探索打造数据中心智能产品服务，但迄今为止，成效不大，甚至一直不清楚完整的数据中心产品视图都包含哪些产品，更缺乏清晰的产品建设路径。”

“您说的这个情况恐怕是在场各位的共同疑问。”咨询A结合自身多年深耕行业的经验补充道，“结合国际领先服务商的经验，我这边总结分析了典型的数据中心智能产品服务视图和产品建设路径，跟大家分享一下。”

5.1.1 产品总体视图

以Equinix、DLR、万国数据等国内外先进数据中心服务商对外提供的数据中心产品服务为重要参考，总结来看，除主机托管、服务器租赁、IP地址出租等数据中心基础产品服务外，数据中心服务商还可对外提供安全保障、网络优化、运行维护、监控分析、应用服务、综合配套 6 类基础增值产品服务、高级定制化服务及算力服务解决方案，即构建了“6+1+1”数据中心增值产品服务体系，如图 5-1 所示。

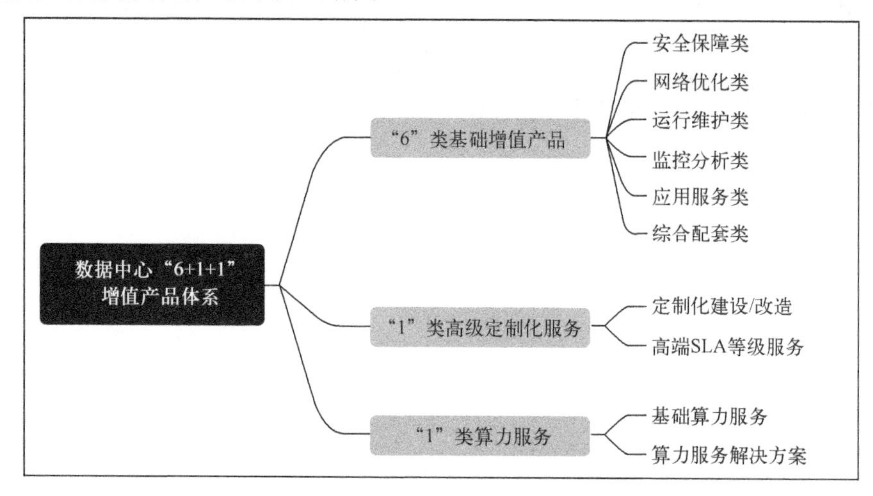

图 5-1 “6+1+1”IDC 增值产品服务体系

数据来源：中国通服数字基建产业研究院。

具体说明如下。

1）安全保障类产品服务指为客户提供网络安全、数据安全、主机安全等安全解决方案，具体服务项主要包括流量清洗、防火墙、入侵检测/防护、漏洞扫描、病毒防范、主机安全设置等内容。如图 5-2 所示。

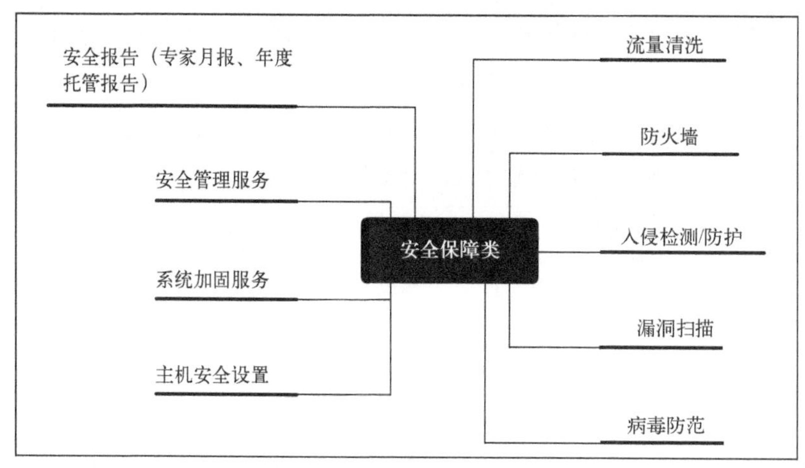

图 5-2 安全保障类增值产品服务项

数据来源：中国通服数字基建产业研究院。

2）网络优化类产品服务指 IDC 网络加速、均衡以及跨网、跨域、跨云等连接服务，主要包括 CDN、负载均衡等传统服务以及 DCI、多线接入、多云接入等新型服务内容。如图 5-3 所示。

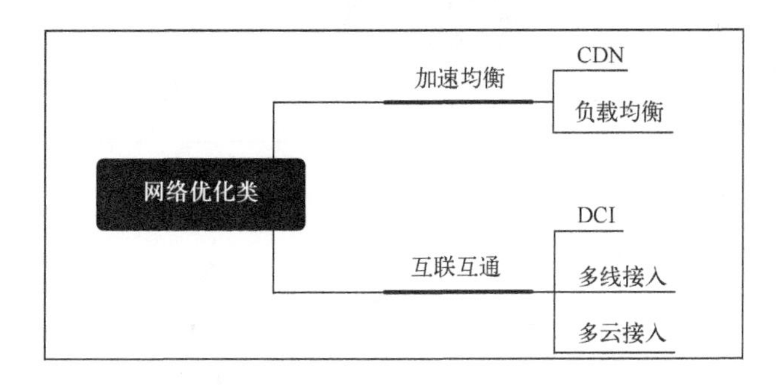

图 5-3　网络优化类增值产品服务项

数据来源：中国通服数字基建产业研究院。

3）运行维护类产品服务指针对施工、设备、系统、网络等层面的代维服务，主要包括环境搭建、施工服务、设备代维、系统代维、网络技术代维等几大模块内容。如图 5-4 所示。

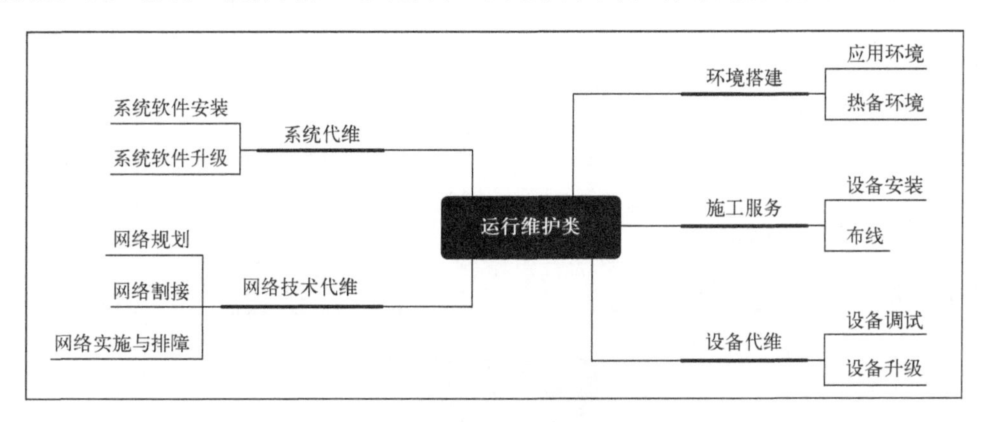

图 5-4　运行维护类增值产品服务项

数据来源：中国通服数字基建产业研究院。

4）监控分析类产品服务指针对网络、设备、系统和安全事件等的实时检测、分析及告警，主要包括网络监控、设备监控、系统监控、安全监控等服务内容。如图 5-5 所示。

5）应用服务类产品服务指为客户提供通用的基础应用类服务，主要包括域名服务、企业建站服务、网站镜像等服务内容。如图 5-6 所示。

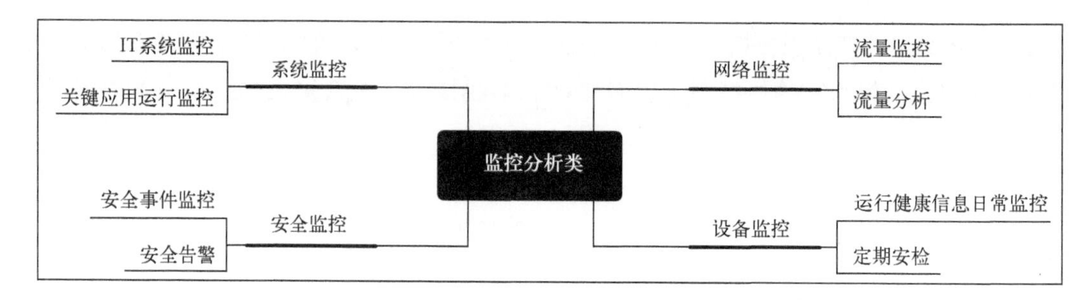

图5-5 监控分析类增值产品服务项

数据来源：中国通服数字基建产业研究院。

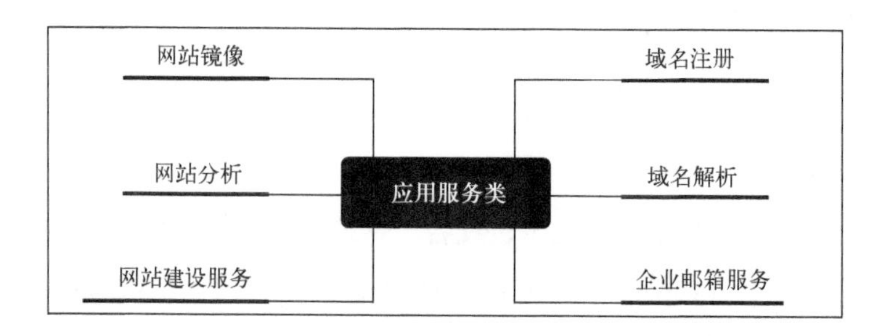

图5-6 应用服务类增值产品服务项

数据来源：中国通服数字基建产业研究院。

6）综合配套类产品服务指为客户提供IDC相关的综合办公配套服务，主要包括资源/场地/材料租借、咨询培训等服务内容。如图5-7所示。

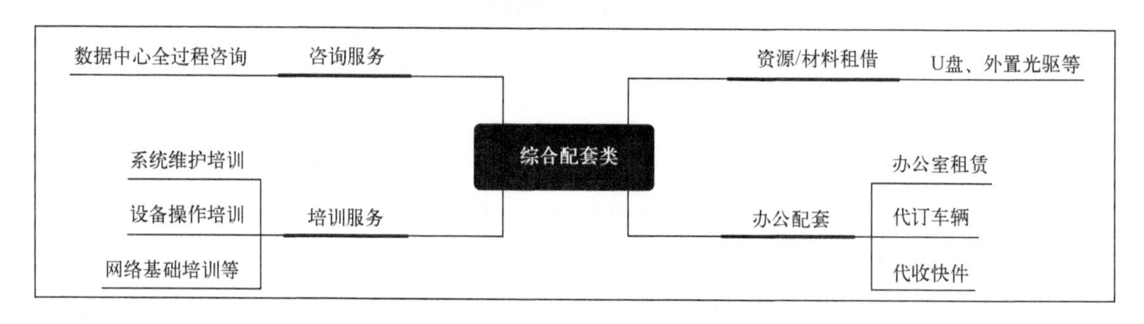

图5-7 综合配套类增值产品服

数据来源：中国通服数字基建产业研究院。

7）定制化产品服务指满足客户特定需求的定制服务，主要包括提供机楼级、房间级、机柜级等不同深度的数据中心定制化建设或改造服务。如图5-8所示。

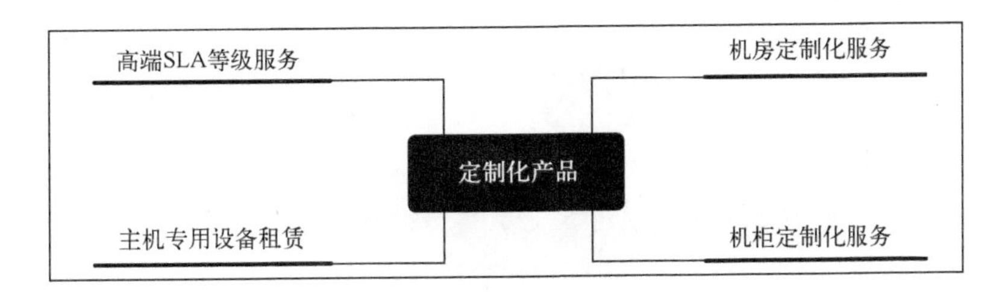

图 5-8 定制类增值产品服务项

数据来源：中国通服数字基建产业研究院。

8）在算力服务的背景下，除传统的服务器租赁及基础平台服务外，服务商更需把握不同行业的典型算力需求场景，推进传统与新兴产品技术及服务的融合，面向客户提供一体化、定制化的算力解决方案，全面提升智能化个性化服务水平。如图 5-9 所示。

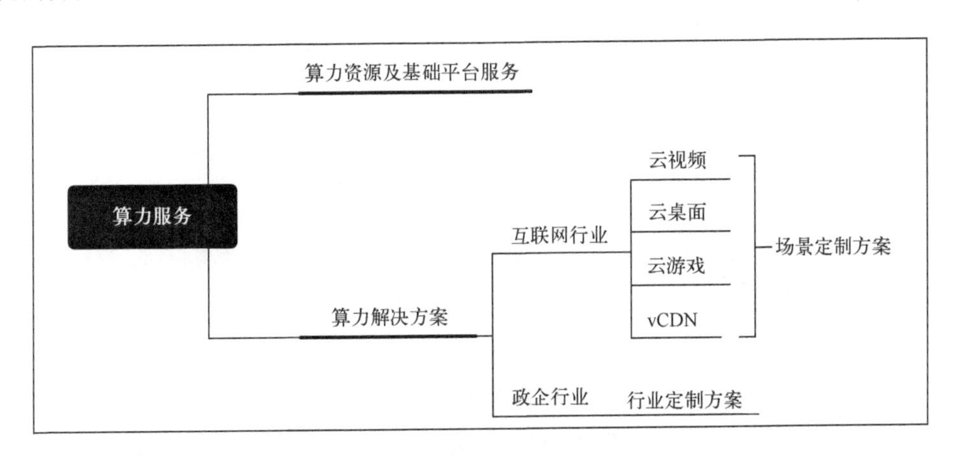

图 5-9 算力产品服务项

数据来源：中国通服数字基建产业研究院。

注：本书算力服务为狭义范围，不含大模型、中间件等 PaaS 产品服务。

5.1.2 产品发展梯队

结合先进服务商经验，一个相对完整的数据中心增值产品体系的搭建需至少经历 3～5 年时间，因此结合自身业务优势、产品业务价值与外部市场需求分梯队进行重点产品建设显得格外重要。如图 5-10 所示，综合增值产品业务价值、市场增速及市场规模三大维度构建了增值产品魔力象限，可以看出，安全保障类、网络优化类及运行维护类为未来三大趋势性产品，同时算力类产品作为新兴融合类产品也呈现极大的潜力，服务商前期可重点考虑这几类产品进行产品梯队建设。

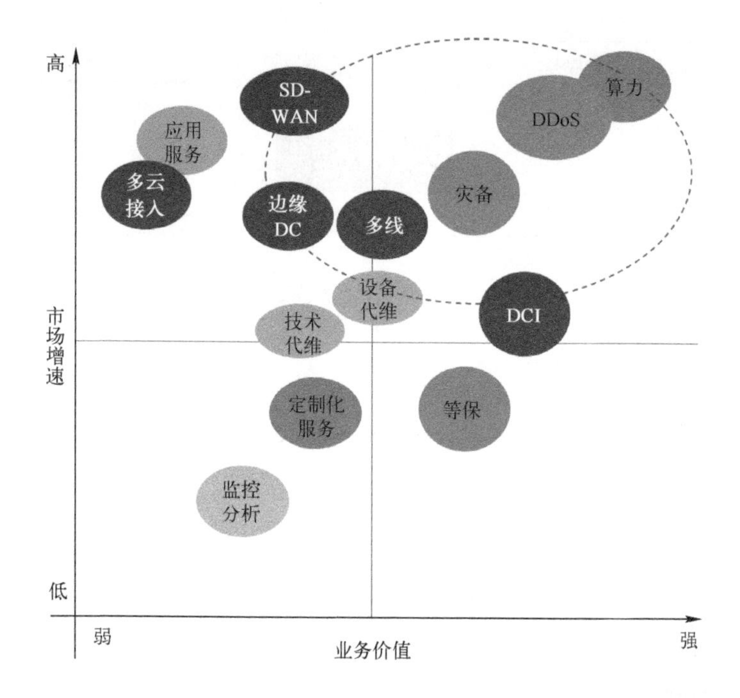

图 5-10 IDC 增值产品魔力象限

数据说明：①业务价值坐标主要考虑产品利润和协同价值两个维度；②其他增值产品市场需求较小，暂未列出；③气泡大小代表市场规模；④颜色相同为同一类产品服务。

数据来源：主流服务商业务数据分析，IDC 圈，中国通服数字基建产业研究院。

第一阶段（第 1～2 年）：打造安全保障类产品，作为基础现金流。DDoS 攻击、病毒入侵、黑客攻击等事件的频发，使得用户对于 DDoS 防护、防毒软件、防火墙等增值业务呈现刚性需求。安全保障类产品市场规模大、市场增速快、业务价值高，未来可作为现金流产品率先推出。

第二阶段（第 2～3 年）：推出运行维护类产品，并逐步延伸至服务器代维，同时全面优化互联互通能力。由于游戏、视频等大型客户个性化、定制化需求加剧，金融、政务等传统行业对 IDC 运营稳定性不断提高，运维服务逐步成为大型企业客户的标配，并且算力服务器的托管也日益盛行。同时，随着移动互联网、视频直播等爆发式增长，为提升用户体验，CDN 等网络优化服务需求及网络互联互通需求快速增长，DCI、多线机房能力受到广泛关注。

第三阶段（第 3～5 年）：打造数据中心智能服务平台，提供以安全为底座，算力+网络为核心特色的行业一体化解决方案，最大程度吸引流量汇聚。在前期增值产品形成差异化优势的基础上可进一步搭建平台，聚焦重点行业，融合基础产品与增值产品，面向重点客户提供一体化算力服务。

下面以 Equinix 为例对产品矩阵的建设加以说明。

Equinix 成立于 1998 年，是全球规模最大的第三方数据中心服务商，作为行业的先行者，Equinix 构建了全球领先的数据中心产品体系，通过打造平台化运维能力、全球化互联互通能力等核心产品，增值产品合计收入占比达 23%，有效助力其全球化扩张。Equinix 产品及服务种类见表 5-1。

表 5-1　Equinix 产品及服务种类

服务类型	服务内容	服务简介	主要收费模式
数据中心	数据中心租赁服务	在全球共有 230+数据中心，横跨 26+国家和地区，63+全球市场	一次性交付费用＋月租金
	数据中心托管服务	保证核心数据中心的有效运营，最高可靠性可达 99.9999%	
	数据中心服务	根据客户需求，设计符合客户要求的数据中心布局，帮助客户更好地开展业务	
	数据中心设计服务	秉持绿色数据中心理念，满足相关要求，安全性、稳定性强	
互联互通	Cloud Exchange Fabric	通过网络，将全球各地 Equinix 平台上分布式的基础设施和数字系统相连接	一次性交付费用＋月供费用（按照带宽、连接数、容量等）
	Equinix Internet Exchange	通过网络将全球 25 个地区，22 个数据交换节点（IXP）相连，共有上万合作伙伴接入共享端口中	
	Equinix Connect	通过 IBX 数据中心提供综合的网络接入服务，满足不同的宽带需求	
	Merto Connect	将一个城市不同的 IBX 数据中心之间直连	
	Cross Connects	帮助任意企业之间实现高效、快速、稳定、低延迟的连接服务	
	Fiber Connect	实现大城市圈 IBX 之间的高效链接，帮助客户提高数据传输安全和灵活性，方便在不同系统之间传输数据	
增值服务与解决方案	边缘服务	通过 ECX Fabric 帮助企业在全球范围内实现实时高效数据同步	按照合同收费/一次性交付+月供费用
	安全管理服务	Equinix Smartkey 主要针对全球 SaaS 服务提供安全管理服务，通过 Equinix 数据平台，为不同的客户建立安全防护措施	
	咨询服务	团队拥有数十年的数据中心加工、授权、管理、设计、测试服务等，能够帮助开发 IT 基础设施、网络和云架构	

（续）

服务类型	服务内容	服务简介	主要收费模式
增值服务与解决方案	管理服务	帮助客户提供数据中心设计解决方案和管理服务，帮助企业更好的专注于主营业务	按照合同收费/一次性交付+月供费用
	行业解决方案	覆盖汽车、银行、云计算厂商、云服务商、建筑业、零售、数字媒体、教育、金融、游戏、医疗、IT、制造业、支付、旅游等	
	IOA 服务	帮助企业搭建更快捷的管理商业架构	

资料来源：Equinix，国信证券，中国通服数字基建产业研究院。

1）平台化运维助力公司低成本高稳定快速扩张。一方面，Equinix 具备出色的电力成本管理能力，电力支出占比仅 11%，这主要归功于其能源管控平台较高的能源使用效率；另一方面，Smart 系列的智能化平台帮助公司降低人力成本支出，提高服务质量，例如 Smart Hand、Smart View 平台可以减少当地运维人员数量，实现远程作业与实时监测。

2）全球化互联互通网络提供高附加值产品矩阵，成为其核心竞争力之一。在全球 IPTP 网络中，Equinix 共有 123 个 PoP 节点，占比 54%，网络效应显著。互联网络能够避免客户数据的集中传输，减少对中间节点依赖性，进而提高数据传输、同步的稳定性。据瑞士信贷估计，Equinix 区域互联能降低 25%～40%的网络延迟。同时，互联服务能提高客户黏性，提升机柜租金及上架率。例如，Equinix 在北美洲的租金水平最高，主要源于其高于其他大洲的互联收入占比（超 20%），以及互联服务约 90%的高毛利率。

“整体产品视图和建设步骤明确是重要的一步，而如何结合自身能力优势打造拳头产品可能会更直接触及各位的诉求”。咨询 A 接着向大家介绍道。在后续的半个小时内介绍了五大增值产品或服务。

5.2 融合自身能力优势打造拳头产品

5.2.1 打造安全拳头产品——流量清洗

流量清洗作为 IDC 最为重要的安全类增值业务之一，未来在国内市场将呈现巨大潜力。中国是全球受 DDoS 攻击最为严重的国家，攻击程度逐年递增。2022 年绿盟与电信云堤联合调研数据显示 2022 年的攻击峰值为历年之最，同比 2021 年增长 15%；且 2022 年攻击次数相较于 2021 年增幅显著，同比增长 273%。从受攻击的目标行业来看，政府、金融、游戏、电商、媒体五大行业成为重灾区，攻击动机主要有三类：勒索获利、恶意竞争、政治动机。

鉴于旺盛的用户需求，国内相关服务商纷纷推出流量清洗产品，目前参与争食“蛋糕”的大小厂商有近千家，整个行业分散度很高，竞争异常纷乱，市面上出现了“高防服务”“近源清洗”“高防服务器”“流量清洗专线”等各类形态的产品，产品功能、定价和服务标准也参差不齐，这些产品领域的乱象导致消费者选择成本高企，潜在进入者一头雾水，现有厂商也因产品设计缺陷而面临竞争威胁，因而，有效的产品设计在复杂的市场环境下尤为重要。本书拟通过整合领先厂商的流量清洗产品设计实践和华信自有产品设计经验，为企业提供全面准确的流量清洗产品设计指南。在此基础上，进一步借鉴主流产品设计理论[㊀]，针对市场实际情况，精炼出产品设计的核心五要素模型：目标客户、产品形态、产品功能、产品定价、产品服务，旨在为后续产品设计提供通用性的高可用模板。

1．产品形态

流量清洗的目标客户非常明确，通过调查客户-产品属性匹配以及供应商实际收入客群来源，很容易锁定流量清洗的目标客户为政府、金融、游戏、电商、媒体这五类。那么，提供什么样的针对性产品呢？这就涉及产品形态的区分了。在流量清洗领域，产品形态应该是很多同行的痛点，因为市面上涌现的产品种类层出不穷；为解决此难题，华信基于长期的国内外权威报告研读和领先企业深度调研，将流量清洗产品形态归为五类：清洗中心型、主机托管型、IaaS 云商型、CDN 型、互联网专线型。下面结合表 5-2 从形态定义、技术实现、优势特色、适用场景、应用弊端、代表厂商六个方面来进行详细介绍。

表 5-2　流量清洗产品形态分析

产品形态	形态定义	技术实现	优势特色	适用场景	应用弊端	代表厂商
清洗中心型	大多数供应商在全球骨干网层面提供至少 3 个清洗中心	每个中心配备整套流量清洗设备和大带宽（基本在 300Gbit/s 以上）；当顾客受到攻击，按下清洗按钮后，立刻将所有流量引至最近的清洗中心，清洗掉不良流量并发送正常流量至目的地	● 带宽容量大 ● 骨干网层面就近牵引清洗，响应快 ● 能够精确地分析溯源	中等到高风险的复杂攻击流量	投资大，价格高	● 电信云堤 ● 移动和盾 ● 华为云 DDoS

㊀ 主要借鉴 Doblin Group 的联合创始人和总裁拉里·基利（Larry Keeley）提出产品开发三原则的模型：商业可行性、设计期望性、技术可能性。

（续）

产品形态	形态定义	技术实现	优势特色	适用场景	应用弊端	代表厂商
主机托管型	在客户托管的数据中心出口提供流量清洗服务	数据中心出口旁挂流量清洗设备，检测发现异常流量后，牵引清洗并返回正常流量	● 由于靠近应用服务器，故能更好地检测基于应用程序的攻击 ● 能提供攻击反馈，用于攻击分析	较低风险、较低复杂攻击流量	● 防御能力一般，仅对典型攻击类型防护效果较好 ● 很多托管商的流量清洗服务由第三方提供服务，存在一定风险	● 移动、联通等海内外多数运营商（海外如 AT&T、BT、CenturyLink、Verizon 等） ● 大多数第三方 IDC 服务商
IaaS 云商型	领先的 IaaS 云商提供基本的免费 DDoS 保护，例如持续流量监控和简单过滤	鉴于 IaaS 基础架构的规模和大带宽容量，托管在 IaaS 提供商的网站企业可以获得一些保护；2016 年以来各大云商开始提供收费的高级 DDoS 服务	● 服务水平较高（弹性计费、SLA 等） ● 防护技术领先	免费基础保护适合低风险情形；高级收费保护适合中等到高风险的复杂攻击流量	● 带宽容量存在一定瓶颈 ● 无全网溯源能力	AWS、谷歌、Azure、阿里、腾讯等主流云商
CDN 型	大多数 CDN 服务商提供 DDoS 的配套服务，包括 WAF 和托管 DNS 服务等	提供网站冗余；通过跨多个 CDN 缓存服务器分发 Web 内容，攻击者更难以定位网站；许多 CDN 提供商也提供限速作为限制网站流量的技术	● 源 IP 隐蔽性好 ● 分布式防御，防护带宽大	中等到高风险的复杂攻击流量，仅适用外部 Web 流量	无法作用于内部流量，如内部邮箱等	● 传统 CDN 巨头 ● 阿里云、腾讯云等云 CDN 厂商 ● 新型 CDN 厂商，如七牛云等
互联网专线型	主要针对行业客户购买的互联网专线提供清洗服务	—	● 性价比相对较高 ● 非捆绑，较灵活	低风险的低复杂攻击流量	防护能力弱	运营商、虚拟运营商等

数据来源：Gartner、主流服务商官网、华信数据库。

从抗风险级别来看，清洗中心型、CDN 型等专业服务商由于防护带宽大、源 IP 隐蔽性好、经验丰富等原因使得它们能够应付中等到高风险的复杂攻击流量；IaaS 云商随着带宽容量逐渐扩大，凭借防护技术的领先优势，DDoS 防护能力也在快速提升，目前各头部云商均可基本实现与专业 DDoS 服务商同等的防护能力。主机托管型适合较低风险需求，主要在于其带宽和防护技术均不出众；但其相对于互联网专线，还是有一定的优势，互联网专线主要面向金融、政务等小流量行业客户。

这里需要强调的是，这几种产品形态并不是割裂的，厂商在实际供给中往往协同推出，比如清洗中心往往结合主机托管，在 IDC 出口处配置清洗设备，一方面可以实现多层防护，另一方面更关键的是接近应用服务器可更好地检测基于应用程序的攻击并提供实时攻击反馈。又比如 IaaS 云商为提供高级收费服务，往往会设立清洗中心或者强化主机托管防护；CDN 防护在抵抗大流量攻击时，也会借助清洗中心的能力抵挡极端高峰的流量冲击。所以，流量清洗防护服务商希望寻求一个立体、全面的防护体系，以提供足够强大的防护能力，应付当前日益强大的流量攻势。需求侧的诉求同样佐证了立体防护的正确性，当前企业也迫切需要建立分层防御体系，包括清洗中心、云 WAF、机器人缓解、DNS 保护、与风险级别相配套的主机托管抗 DDoS 设备本地部署等。

自此，读者朋友们心中一定还有一个大的疑问未解开，所谓的高防是“何方神圣”？相对于基础防护的主机托管、互联网专线等，高防“高”在哪里？下面我们一一来解开疑问。

当前，专业服务商和云 IaaS 商均纷纷开发了高防产品，高防并没有明确的定义，更多是一个商业用语，但我们依然能根据这些产品所具备的共性定义高防。高防具备三大特性。

- 高防设立了清洗中心，它与传统清洗中心的最大区别是它把域名解析到高防 IP（高防 IP 位于清洗中心；Web 业务把域名解析指向高防 IP；非 Web 业务，把业务 IP 替换成高防 IP），并配置源站 IP，清洗后的正常流量通过端口转发至源站 IP，这是高防的最关键特性。
- 配置 DDoS 高防 IP 服务后，当用户遭受 DDoS 攻击时，无须额外做流量牵引和回注，而传统防护方式下，牵引和回注是必备动作。
- 由于上述特性，高防业务能够实时监控、实时清洗异常流量，响应时间极短至秒级，尤其适合对用户业务体验实时性要求较高的业务，包括：实时对战游戏、页游、在线金融、电商、在线教育、O2O 等。需要额外补充一点的是，高防的防护技术也相对更先进，除了传统的代理、探测、反弹、认证、黑白名单、报文合规等标准技术，还能提供 Web 安全过滤、信誉、七层应用分析、用户行为分析、特征学习、防护对抗等多种技术，对威胁进行阻断过滤，更有效地确保业务在攻击下的可持续性。

高防不仅有大容量、高精确、快响应等绝对优势，还能够很好地防住 CC 攻击，而此类攻击由于隐蔽性极强，传统防护的效果很一般。但高防也并非完美，除了价格贵之外，购买及部署也更麻烦，需要更换 IP、域名及转发配置，还存在四层端口、七层域名数等限制，所以企业依据自身的风险评级，选择合理的防护手段才是明智之举。

产品形态的分析为我们揭开了市面上各类型产品的迷之面纱。明确产品设计方向和功能框架，是流量清洗产品设计最关键的一环。接下来研究产品的具体功能，迈出产品落地的重要一步。

2. 产品功能

通过对比国内外主流厂商流量清洗产品的功能发现，流量清洗产品主要包括五大核心功能，见表 5-3。

表 5-3 流量清洗产品功能分析

流量监测	● 对进入客户指定 IDC 端口的数据流量进行实时监控，及时发现异常流量，生成告警信息 ● 防护范围：常规攻击类型涵盖连接耗尽型、容量耗尽型和应用层等三类 20 多种常见攻击类型；对于非常规攻击类型，通常借助特征学习、行为分析等手段进行自定义防护
流量清洗	● 通过集中部署的清洗设备进行流量牵引、清洗和回注。流量清洗启动后，工程师将实时跟踪优化调整清洗策略 ● 清洗模式分为手动清洗和自动清洗，此外还提供了 IP 封堵服务，当遭遇超过防护带宽的大流量攻击，依据与客户签订的服务响应模式在 IP 网络快速发布针对客户 IP 地址（段）的黑洞路由，短时间内将流量降低到安全范围内
行为分析	● 通过攻击日志采集，为客户提供攻击行为分析报告，帮助客户提升对网络流量的可见性和安全状况的清晰性。主要包括攻击时间、攻击类型、攻击流量分布、攻击来源分析（如攻击源地址前 5 名）、清洗效果、流量趋势、引流回注比等内容维度
自服务	● 为客户提供流量清洗管理平台并配置登录账号，客户可进行流量分析监控、流量清洗启停等操作，同时也可以进行自定义流量清洗策略操作
人工服务	● 为客户提供日常 7×24 小时热线服务和一线现场支撑、以及远程专家支撑

数据来源：主流服务商官网、调研访谈、华信数据库。

3. 产品定价

完成产品的功能设计后，下一步便是产品的销售定价。纵观流量清洗的发展史，业界对流量清洗产品的定价模式逐渐从流量定价转向以带宽定价为主，目前主流服务商均采用了防护带宽+弹性资费+IP 租用的定价菜单。以下以阿里高防为例来说明，见表 5-4。

表 5-4 阿里高防计费模式

计费项	基础防护+弹性防护
付费方式	预付费+后付费（分别对应基础和弹性防护）

（续）

计费周期	基础防护带宽（单位 Gbit/s）和 CC 防御能力（单位 QPS）按月/年计费，购买时生成预付费订单付费
扣费周期	弹性防护带宽（单位 Gbit/s）和 CC 防御能力（单位 QPS）按日计费

数据来源：阿里官网。

需要说明的是，阿里高防并未列出 IP 收费，这是因为很多云商出于促销，IP 租用免费，但运营商或者其他 CSP 服务商更多是按带宽比例赠送（如送同等带宽的 IP 数），超出后一般单 IP 按 50～100 元计费。

4. 产品服务

流量清洗本质上是一项服务，产品上市后，后续的服务保障至关重要。与产品功能相协同，目前市面提供五类主流服务，见表 5-5。

表 5-5　流量清洗产品服务分析

防护质量承诺	● 防护精度：各常见类型防护精度均为 85%以上 ● 防护系统 SLA：99.9%～99.99%（以 3 个 9 为主）
攻击事件响应	● 手动清洗模式下，在收到用户攻击求助信息后，20 分钟内服务支撑部门响应流程就绪，进行流量采集和预判断 ● 在得到客户授权后 15min 内启动已有防护策略或临时商定的防护策略
特殊应急及加固处理	● 遇到重大攻击事件，客户响应控制在 15min 内，启动防护控制在 10min 内 ● 处理完成后检查业务系统中是否存在后门程序或植入木马类程序，溯源整个攻击事件并提供加固建议（攻击后的溯源优化越来越受重视）
攻击服务报告	● 报告分为定期攻击分析报告和实时攻击数据报告 ● 报告内容包括攻击时间、攻击类型、攻击流量分布、攻击来源分析（如攻击源地址前 10 名）、清洗效果、流量趋势、引流回注比等 ● 报告内容可根据客户要求灵活调整
日常支持	● 设置全国客户服务电话热线，配有专业级客服专员 ● 现场+云端运维支撑，包括驻地专家和云端专家远程支撑

数据来源：主流服务商官网、调研访谈、华信数据库。

自此，我们即完成了流量清洗产品从定位、选型、开发、定价到运营的一系列产品设计流程，成功实现了产品的商业化开发。本书将基于主流产品设计理论和实践提出的产品设计核心五要素模型用于流量清洗产品的设计过程，通过去粗取精，聚焦关键环节，清晰透彻地解读了该产品的关键属性，有效验证了该模型的高可用性，为流量清洗市场的发展及后续其他产品的设计提供了初步实践指南。

5.2.2 打造传输类拳头产品——DCI[㊀]

过去 20 年，随着数据中心的业务中心从企业 IT、Web 服务转向云服务，数据中心从企业数据中心、互联网数据中心演进到云数据中心，并受 5G、大数据、人工智能等技术驱动，逐步向智能云数据中心深化发展。

1．流量趋势

云数据中心时代使得数据中心成为流量的中心，而相对于数据中心南北方流量（DC to User），东西向流量成为主要组成，两者流量比例从原先的 8:2 演进成如今的 2:8。主要是因为越来越丰富的云承载业务对数据中心的流量模型产生了巨大的冲击，如搜索、并行计算等业务，需要大量的服务器组成集群系统，协同完成工作，这导致服务器之间的流量变得非常大。进一步细分，可以发现数据中心内部流量（Within datacenter）占比相对较大，但随着 CDN 普及、云间数据传输、跨数据中心备份的数据量的不断增长，DC to DC 流量激增，增速远高于其他两者。权威预测机构 IHS Markit 和 ACG 曾预测从 2017 年到 2022 年，亚太 DCI 市场的年复合成长率(CAGR)将达到 23%，该增长率将会远超过传统 WDM 市场。

2．场景分析

数据中心互联流量主要存在于以下三类场景。

- 5km 左右的 DCI-园区级，用于连接相邻的数据中心。
- 200km 内的 DCI-城域级，用于区域内或者相邻区域的数据中心互联。
- DCI-长途级，最远可以到 3000km 的长途连接。

其中，200km 内的城域 DCI 最具发展潜力，将是未来运营商主攻方向。一方面是由于流量向城域汇聚加速，5G 的商用、FTTH 的加快成熟，以及全行业数字化转型、大模型算力需求下，数据中心分布式本地部署趋势，均是城域流量兴起的主因，根据思科报告显示，2017 年至 2022 年间，城域流量占比将提升 6 个百分点。相对于城域级 DCI，园区级 DCI 应用场景较为单一，同时在长途跨域 DCI 领域，相干 OTN 技术和产业链格局已相当成熟和稳定，技术替换带来的风险较大。

具体从需求场景来看，城域 DCI 需求的旺盛增长主要来自以下两大场景：①OTT 云间互联场景，是目前国内外 DCI 市场的最大收入来源。OTT 等互联网企业 DC 互联需求激增的原

㊀ DCI 为 Data Center Interconnect 的缩写，指数据中心间互联网络。

因在于终端企业客户出于成本考虑，由分支机构组网转向 office-DC 组网，进而使得云间互联成为常态，如图 5-11 所示。场景需求特性可以总结为：高速低成本、弹性扩容及流量可视，OTT 希望能在自有或租赁的光纤上低成本部署超大带宽连接，还能在需要时非常迅速地获得扩展（或收缩）连接的能力，并具备必要的流量可视功能。②新兴客群：金融、政府等行业客户。具体分两类子场景，一是高质量数据传输需求，金融交易所互联是典型场景，要求 DCI 低时延高可靠安全，二是两地三中心分布式多活，要求链路低时延高可靠，如图 5-12 所示。

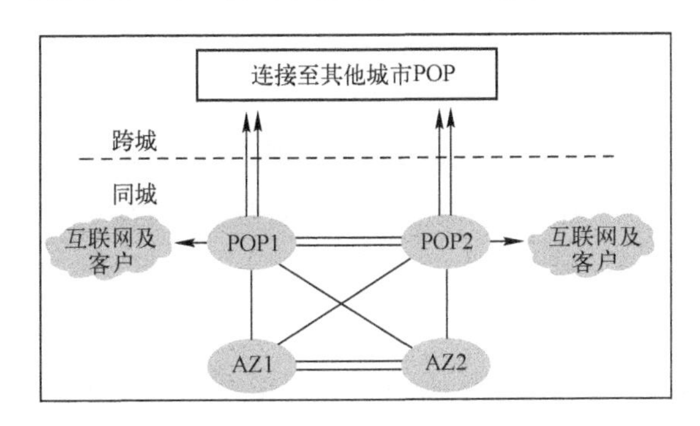

图 5-11　OTT 双 AZ 互联示意图

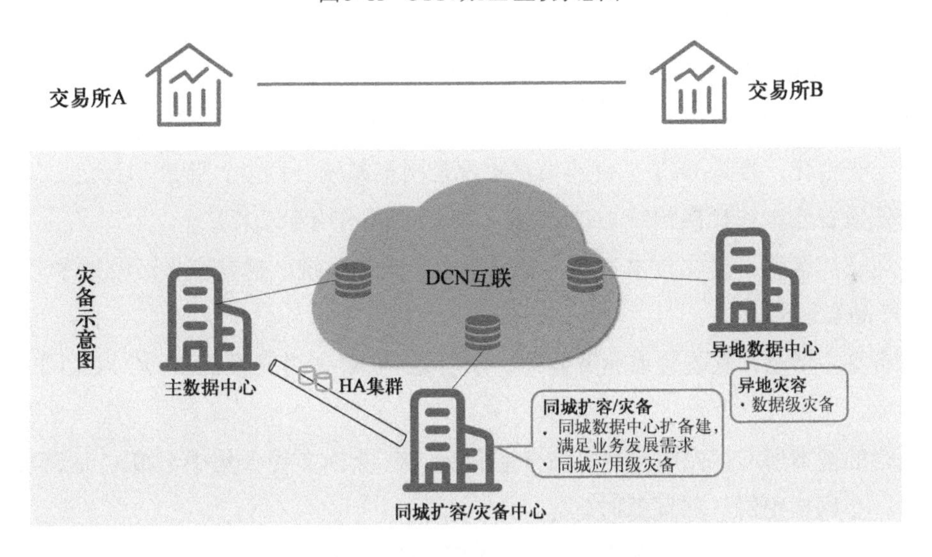

图 5-12　金融交易所互联和灾备典型场景示图

3. 发展痛点

目前国内运营商主要采用骨干网组网专线和 OTN 电路两种方式实现城域内 DC 互联，但均存在较大的弊端，无法满足客户需求，尤其是OTT大客户，这或导致他们开始采购运营商裸光纤自建DCI。以电信为例，利用CN2/DCI提供VPN作为软管道方式的DCI专线，性能相对硬管道较差，主要体现在时延和稳定可靠性上；且与移动网共用CN2资源，随着4G不限量以及5G的发展将造成基础管道资源不足，不可持续。而采用OTN组网方式，虽然传输距离长且具备较好的汇聚能力，但在成本、时延、交付、运维等客户核心诉求上差距较大。

因此，打造高性价比、运营敏捷的运营商级城域DCI产品成为重要破局方向。

4. 优化方案

通过对国内外领先厂商的标杆实践研究，我们建议城域DCI产品建设要以极简低成本、功能实用、运营敏捷为核心目标，采用波分技术代替传统OTN，打造DCI专网，并围绕重点客户和重点区域做好资源提前布局。

（1）三大方案目标

- 极简低成本，线路直连、单波、超宽、设备功耗低、占用空间少。
- 功能实用，实现稳定、高速、可视化。
- 运营敏捷，业务快速部署、统一平台计费、故障快速修复。

（2）四大方案路径

- 加快容量建设：提前做好网络平台和管道资源储备，并提升单波容量。
- 统一平台化：推进DCI平台建设，实现全网资源统一调度、管理和计费。
- 降低设备成本：替换传统OTN设备，降低空间占用和功耗。
- 强化敏捷运营：简化技术方案，打造专业团队和系统，提升交付运维效率。

（3）产品实现形态

- 设备基本形态：软硬管道业务兼顾，分别使用DC通道交换机和DC以太网交换机来承载。
- 网络的基本形态：光电分离，波分层利旧，电层DCI设备集中至IDC运营实体做管理；小网格组网，保证低时延。
- 支撑系统基本形态：简单实用，重点实现路径规划、路径保护以及一点计费。

在上述基础上，还要结合国内需求和竞争要求逐步推进DCI专网演进，从点到点直达到区域高品质专网，并最终打造成为智能专网，进一步提升互联的健壮性、敏捷性和性价比。

5.2.3　打造互联网类拳头产品——多线接入

2019 年 10 月国内首个新型互联网交换中心（Internet Exchange Point，IXP）试点在杭州正式揭牌，标志着异网互通迈出了新的一步；随后，宁夏中卫、深圳前海、上海自贸区临港新片区相继揭牌并启动运营国家新型互联网交换中心，可以预见，未来 IXP 模式将会在全国范围内逐步推行。从全球发展历程来看也同样佐证了上述趋势，互联网交换中心早已是国际主流的流量交换模式，成为互联网的重要基础设施；当前，全球 160 个国家和地区建设了近 900 个 IXP，且数量年增速超过 20%。然而，在大的走向面前，我们需要认识到国情差异对 IXP 推行的阻力。流量交换模式的变化势必对各运营商的营收产生大的冲击，据初步估算，每年三家运营商将损失近千亿元；在 5G 高投资压力下，稳定的网络收益对于维持运营至关重要，所以至少在未来 3 年，运营商是没有足够动力加快 IXP 推行的。这也就预示着，多线接入产品在中短期内还是有着巨大的潜力市场。

下面以多线接入（指互联网双线接入、三线接入及以上）的产品化为主线，基于运营商数据中心视角，通过深入分析传统多线接入的发展困境，结合当前竞争和需求特性，提出不同的发展路径，并做对比解读，试图为解决这一难题提供一个全新客观的启示。

1. 发展现状

多线接入的诉求保持着稳定高涨状态，从 IDC 圈过去几年规模样本的调研数据来看，多线接入需求占比平均维持在 8 成以上，BGP 之外的传统多线产品超过 7 成。需求主要反映在两大场景：一是降低时延，解决跨运营商网络时延，提高访问质量，尤其南北互联；二是网络灾备，借助异网灾备，保障网络安全，尤以金融为主。

但如此旺盛的需求并没有带来很好的市场效益，由于运营商之间的竞争，多线接入产品市场一直没有起色，多线接入产品建设也面临困难。早在 10 年前，政府也认识到了此问题，主导在北上广等核心城市建设了互联网交换中心（也称互联点），截至 2022 年 9 月底，我国国家级互联网骨干直联点开通数量达到 21 个，但并未很好地发挥既有作用，因各种原因导致通过互联点进行异网访问的效果并不好。那么目前业内是如何满足多线接入需求的？如图 5-13 所示，基于数据中心互联，通过 BGP+各运营商线路组装成多线是当前主流多线接入方案，当前中立第三方机房通过此种模式吸引了一大批客户，这也是近年来他们在数据中心服务市场崛起的一个重要原因。

然而，此种模式并不是真正的多线产品，存在诸多问题。

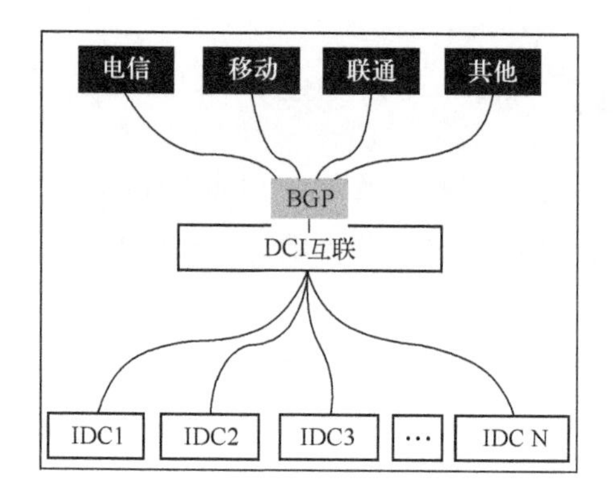

图5-13　传统主流多线接入方案示意图

数据来源：中国通服数字基建产业研究院。

- 政策风险，模糊地带，难以做大。
- 成本高。
- 出口方向受限。
- 本地接入，就近出网，异网质量难以控制。
- 多线产品以城域网为单位，各省市产品质量难以统一。

进一步分析不同类型的客户诉求发现：高价格、弱服务等痛点加大了多线接入市场的供需不匹配。同时也发现，中大型 OTT 和云商主要采用自主 IDC 多 BGP 出口形成企业内部 DCI，对运营商传统多线接入产品需求较少；多线接入需求主要集中在长尾政企客户，包括中小互联网企业、党政军、金融等。而针对不同的应用场景，这些需求又可以大致分为两类：一是希望提供高性价比的多线接入产品；二是希望提供优化的互联点服务。不同类型客户多线产品诉求见表 5-6。

表 5-6　不同类型客户多线产品诉求

<table>
<tr><th>客户类型</th><th>大型互联公司/云服务商</th><th>中小型互联网公司</th><th>外资 500 强企业</th><th>金融/政务</th><th>传统工业企业</th></tr>
<tr><td>需求性质</td><td>强需求</td><td>强需求</td><td>强需求</td><td>强需求</td><td>中需求</td></tr>
<tr><td>核心诉求点</td><td>访问质量</td><td>访问质量</td><td>访问质量</td><td>网络灾备</td><td rowspan="3">—</td></tr>
<tr><td>实现方式</td><td>采购运营商 BGP 自行做网内汇聚</td><td colspan="3">① 传统多线（时延敏感业务）
② 互联点（时延不敏感业务）</td></tr>
<tr><td>核心痛点</td><td>价格高</td><td colspan="3">① 传统多线价格较高，运维差（网络检测、故障处理能力差）
② 互联点缺少维护，时延高</td></tr>
</table>

数据来源：中国通服数字基建产业研究院。

综上，结合运营商发展实际和客户需求，我们建议运营商可选取两条路径切入多线接入市场。

1）合作打造多线产品：通过与其他运营商合作打造多线，抢占第三方专业服务商现有份额。目标客户是以网络灾备为首要目的的金融、政务客户，以及使用传统多线的中小互联网企业。

2）提供互联点优化服务：提供互联通道等技术，解决互联点异网访问时延长的难题，目标客户是无硬性灾备需求、价格敏感且访问时延要求没有特别高的中小客户。

下面针对这两条路径给出具体的发展路径建议。

2. 发展路径

（1）合作打造多线产品

合作原则：秉持“独立运营、公正公平对等、利益共享、风险共担”的原则，国内三家运营商网络不涉及互联互通，各自负责所属网络资源的投资、运营管理、风险管控等相关工作。

先试点再复制：建议从京津冀、长三角、珠三角、川陕渝和鲁豫五大重点区域及蒙贵基地选取 2～3 个机房做试点，保证双方合作机房接入数量和机房规模对等。需要注意的是，销售对象仅适用于政府、金融、企业和中小互联网等客户，CDN、ISP 等客户建议暂不销售。

合作模式可以多样选择。

1）带宽租用模式：双方根据各自客户需求购买对方的带宽资源，各自负责产品设计和销售，通过网元租赁成本进行成本支付。

2）互为代理运营商合作模式：中间商作为客户与合作运营商签约购买带宽资源，运营商作为中间商的分销商与 IDC 客户直接签约。IDC 客户使用运营商和合作运营商的自有地址分别接入到不同运营商网络。

3）引入运营商完全控股的中间商：IDC 客户使用中间商的自带地址在运营商和合作运营商进行静态代播。

各大运营商在综合考虑接入流程、风险和收益的基础上，可协商选取不同模式。

合作可能的难点。

1）优势网络方优势会被削弱，需要考虑寻求整体利益最大化。

2）客户对此种合作的多线产品可能存在一定的认知困难，建议为重点政企客户提供免费测试试用。

3）对内部替代网络产品的冲击，建议定价低于内部 BGP 产品，稍高于第三方传统多线。

当然这个过程还会遇到其他意想不到的难题，如三方运营商可能一直难以达成共识，那么一方面，可以先两方合作做双线，再吸引第三方加入；也可以在双线基础上，通过与第三方合作实现多线。

相较于第三方传统多线，通过互惠合作打造的运营商级多线接入产品在性价比上具备相对优势，是目前满足高端客户需求、应对竞争的首选方案，但难点是多方共识的达成，自主进行互联点优化提供了另一种解决途径。

（2）自主优化互联点

依托运营商骨干网，面向 IDC 客户提供虚拟通道直达 13 个互联点出口，实现出口流量的优化。此种模式能够一定程度上解决当前多线产品的弊端，如能够最远端出网，质量可控；符合现有互联互通监管政策与法规；充分利用现网资源，产品实现成本小；产品由总部集中运营，可统一各省市服务质量。

此外，还能提供差异化增值服务（如能够提供第二路径保障，预防堵塞等问题）、提供用户服务检测报告。

不过，由于时延改善效果有限，此种模式更多面向对网络时延要求不高的客户和应用场景，应用范围存在一定限制，随着网络扁平化和互联点通道优化，此种模式有望获得更大青睐。

以上通过展望国内外运营商网络互联互通的发展规律，得出异网互联互通是大势所趋，IXP 方案在全球的应用已较为成熟。但反观国内，在 IXP 试点推进未取得实质性成果前，近中期如何满足旺盛的多线需求成为摆在政府、各大运营商和专业服务商面前的一道难题。我们通过剖析传统多线产品的弊端、不同客群的需求差异，给出了运营商新型多线接入产品产品化的两大路径，包括合作打造多线和自主优化互联点，并针对不同路径提供了具体的实施建议，既包含技术侧，也包含商务侧和市场侧，一定程度上为未来运营商在多线市场有所作为指明了方向。

5.2.4 打造运行服务类拳头产品——第三方运维

随着数据中心运维市场的深入发展，数据中心软硬件设备越来越复杂和多样化，企业更愿意接受第三方运维服务，实现跨厂商的硬件维护和软件运维服务。当前运维服务产品市场走势如何？客户需求在哪里？如何围绕客户需求设计具有竞争力的运维服务产品并制定相应价格策略，从而更好拓展数据中心运维市场呢？下面为大家一一解答。

1. 市场概况

运行维护服务产品市场加速成熟，门槛下降导致增速放缓，第三方 IDC 服务商运维具备专业优势。当前，运维管理外包模式发展成熟，行业整体进入成熟阶段；在国内各行业去IOE背景下，国产市场份额上升，硬件技术门槛下降，市场竞争加剧导致运维合同金额下降。如图5-14所示。

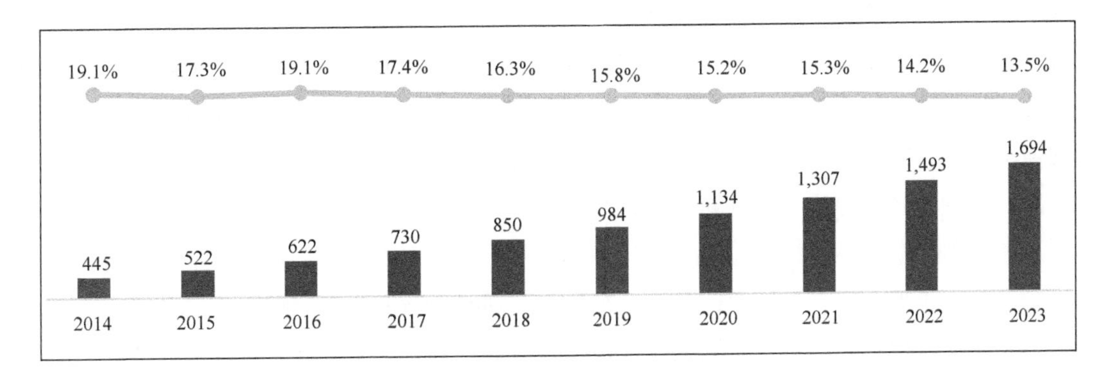

图5-14　2014—2023年中国IT基础架构第三方运维服务市场规模及预测（单位：亿元）

数据来源：IDC圈、中国通服数字基建产业研究院。

而第三方IDC服务商综合能力较原厂服务商在专业性上具备优势，占整体运维市场的比例持续上涨，从2014年的41.2%预计上升到2023年的52.3%。如图5-15所示。运维市场重心逐步从下层硬件运维转向上层系统运维。

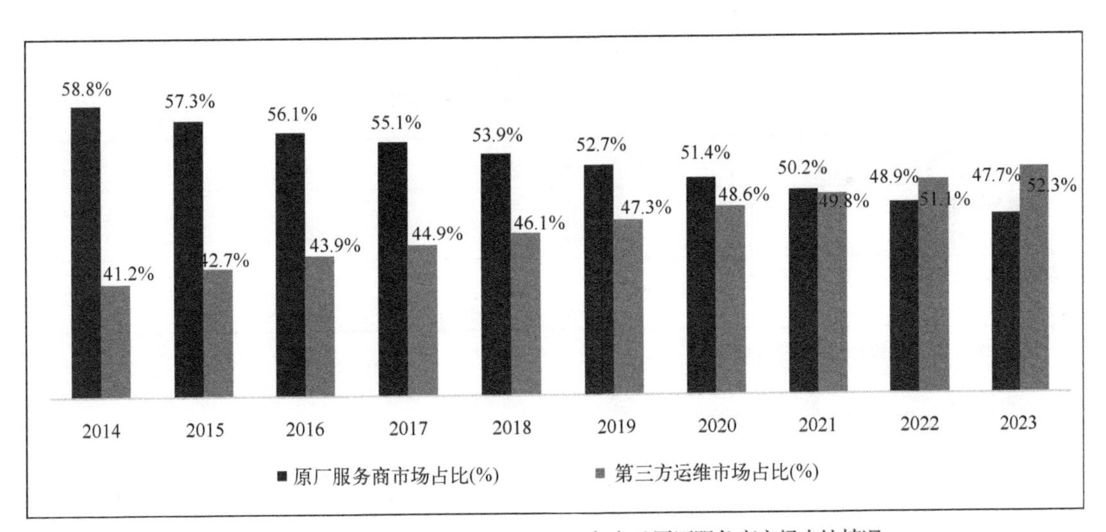

图5-15　2014—2023年第三方IDC服务商及原厂服务商市场占比情况

数据来源：IDC圈、中国通服数字基建产业研究院。

2. 需求分析

根据市场调研情况，运行维护服务目标客户聚焦在互联网企业、政府机构、金融行业和交通运输行业的中小型企业，其次是异地大型企业。

一是从规模和地域角度来看，大型 IDC 用户设备多，维护人员多，维护能力较强，多采用自维护的方式；而中小型 IDC 客户维护能力较弱，一般不具备专职维护团队，存在代维方面的需求，多采用购买代维服务的方式。另外，相对于本地用户，异地 IDC 用户在当地无运维团队，且由于地理原因，自运维成本较大，因此同样存在代维方面的需求。

二是从细分行业视角来看，互联网企业的代维服务需求主要是施工服务等基础代维服务，如设备上下架、综合布线等；政府、金融、交通类企业的整体代维服务需求较大，对运维的稳定性、可用性、实时性、数据安全性要求较高。例如，金融行业（以银行为主）核心业务必须依托 IT 系统支撑，整体信息化程度高，在稳定性、可用性、实时性、数据安全性和业务连续性方面要求严格；交通运输行业采取“两级”架构数据中心体系，即以部级数据中心为核心节点，省级数据中心为二级节点，部级数据中心汇集多领域数据，提供数据交换和资源共享，对运维数据安全性要求较高。

互联网企业、政府机构、金融行业和交通运输行业等主要行业的数据中心运行维护服务需求概况见表 5-7。

表 5-7 主要行业的 IDC 代维服务需求概况

需求内容	互联网企业	政府机构	金融行业	交通运输行业
施工服务等基础代维服务（设备上下架、综合布线等）	√	√	√	√
设备代维、系统代维等（巡检及维护、系统维护等）	需求较小	√	√	√

数据来源：中国通服数字基建产业研究院。

3. 产品功能设计

结合市场客户需求，目前行业内运营商和主流第三方 IDC 服务商均积极提升自身运行维护服务产品能力。通过对比三家基础电信运营商和万国数据、光环新网、世纪互联、鹏博士等主流第三方 IDC 服务商发现，运营商及第三方 IDC 服务商在基础运行维护服务方面的能力已相差不大，但在高阶的智能运维服务方面，第三方 IDC 服务商的能力相对更强。

（1）基础的运行维护服务

在施工服务方面，对标企业施工服务共提供设备上下架、布线、设备更换及迁移、设备加电等 4 项服务。其中运营商和主流第三方 IDC 服务商一般均提供设备上下架、综合布线这类高需求基础服务。其中中国电信、中国移动、光环新网，以及世纪互联的整体提供情况相对完善。各主流服务商在数据中心施工服务方面的产品能力对标见表 5-8。

表 5-8　数据中心施工服务方面各主流服务商产品能力对标

服务分类	服务内容	中国电信	中国移动	中国联通	万国数据	光环新网	世纪互联	鹏博士
施工服务	设备上下架	√	√	√	√	√	√	×
	综合布线	√	√	×	√	√	√	√
	设备迁移及更换	√	×	×	×	√	×	×
	设备加电	√	√	√	×	×	√	×

数据来源：中国通服数字基建产业研究院。

在设备代维方面，对标企业设备代维主要提供设备巡检、设备授权操作、备机备件服务、硬件更换及升级、设备维修五项服务内容。其中，设备巡检和授权操作这类基础服务对标企业普遍采用，客户需求较旺盛。中国电信、中国移动、万国数据的设备代维服务的整体提供情况相对完善和领先，各主流服务商在数据中心设备代维方面的产品能力对标见表 5-9。

表 5-9　数据中心设备代维方面各主流服务商产品能力对比

服务分类	服务内容	中国电信	中国移动	中国联通	万国数据	光环新网	世纪互联	鹏博士
设备代维	设备巡检	√	√	√	√	√	√	√
	设备授权操作	√	√	√	√	×	√	√
	备机备件服务	√	√	×	√	√	×	√
	硬件更换及升级	√	√	×	√	×	√	×
	设备维修协助	√	√	√	√	√	×	×

数据来源：中国通服数字基建产业研究院。

在系统代维方面，对标企业在系统代维服务中主要提供操作系统安装、配置及升级，基础环境搭建，常用应用软件安装、配置及升级，基础系统故障修复，密码设置、修改及破解五项服务内容。其中，操作系统安装、配置及升级、基础系统故障修复几类基础服务对标企业普遍提供，客户需求量较大。第三方服务商在系统代维方面服务体系较健全，万国数据、光环新网、世纪互联、鹏博士等代维服务的整体提供情况相对较好，而运营商主要由于风险敏感，提供的此类服务很少。各主流服务商在数据中心系统代维方面的产品能力对标见表 5-10。

表 5-10　数据中心系统代维方面各主流服务商产品能力对标

服务内容	中国电信	中国移动	中国联通	万国数据	光环新网	世纪互联	鹏博士
操作系统安装、配置及升级	√	√	×	√	√	√	√
应用环境搭建	×	×	×	√	√	√	√
常用应用软件安装、配置及升级	×	×	×	√	√	√	√
系统故障修复基础服务	√	√	√	√	√	×	√
密码设置、修改及破解	×	×	×	√	√	√	√

数据来源：中国通服数字基建产业研究院。

在运营服务报告方面，运营服务报告主要由客户人员出入报告、客户设备出入报告、客户授权操作报告、机房温湿度报告、机柜电力报告、CCTV 监控录像报告六部分组成。其中机房温湿度、电力等基础设施监控数据对标企业普遍提供或按需提供，是常见的客户基础需求。万国数据、光环新网、世纪互联的运营服务报告功能较全，其他服务商多可实现按需提供，相对于第三方服务商，各主流服务商在数据中心运营服务报告方面的产品能力对标见表 5-11。

表 5-11　数据中心运营服务报告方面各主流服务商产品能力对标

服务内容	中国电信	中国移动	中国联通	万国数据	光环新网	世纪互联	鹏博士
客户人员出入报告	×	×	×	√	√	√	可按需提供
客户设备出入报告	×	×	×	√	√	√	可按需提供
客户授权操作报告	×	×	×	√	√	√	可按需提供
机房温湿度报告	可按需提供	可按需提供	可按需提供	√	√	√	可按需提供
机柜电力报告	可按需提供	可按需提供	可按需提供	√	√	√	可按需提供
监控录像报告	×	×	×	√	√	√	可按需提供

注：服务商均有记录相关内容以备查看，部分服务商不提供报告服务。

数据来源：中国通服数字基建产业研究院。

综上，结合市场客户需求及行业内各运维服务商的对标分析，发现运行维护服务产品功能设计主要包括常见施工服务、日常设备维护和系统基础代维三种类型，以及设备上下架、综合布线、设备巡检及维护、系统代维（操作系统安装、配置及升级）四项服务。

1）常见施工服务类型具体包括设备上下架和综合布线两项子项服务。设备上下架服务是指在机柜初始化准备后，根据客户设备的形状规格与耗电情况，进行在机柜中的安装/加电等操作、按照相关规范拆卸客户设备的服务。综合布线分机柜布线和机房布线，机柜布线是指根据客户提供的网络拓扑情况，在同一排邻近的几个机柜内铺设网线，绑扎和标识；机房布线是指根据客户需求实现机柜跨排布线、跨房间布线、使用配线架布线等服务。

2）日常设备维护服务类型主要包括设备巡检及维护这一子项服务。具体来说，一是提供日常巡检服务，即对设备进行定期巡检，对服务器、网络设备、存储设备等进行日常状态巡检，包括指示灯、控制板、液晶屏、电源模块、风扇等状态检查、声响及气味检查等；二是可以进行设备授权操作，主要包括服务器冷启动与开机、网络设备的重启、设备断网断电等内容；三是可提供基础硬件的监控数据，包括服务器基础硬件指标（CPU 温度电压等）、网络运行监控（通断、时延等）等。

3）系统基础代维服务类型主要包括系统代维（操作系统安装、配置及升级）这一子项服务。是指可协助安装操作系统及补丁，并进行简单的网络配置，包括 Windows、Linux 等。

（2）高阶的智能运维服务

高阶的智能运维服务是指采用人工智能、VR/AR、机器人等新型数字技术及智能终端应用，丰富智慧化运维手段，促进运维服务显性化迭代，强化对外服务客户感知。

目前，万国数据、光环新网等主流第三方 IDC 服务商在智能运维服务方面走在前列。例如，万国数据可提供的全方位安保措施和运行维护服务已基本实现标准化、平台化。光环新网自研打造“爱智维”运维管理平台，通过专业化运营维护团队，为客户提供国际化、平台化、智能化的高质量数据中心整体运维管理服务。

三家基础电信运营商在智能化运维方面也开始了积极探索。例如，中国电信整合使用“电子化点巡检、智能运维机器人自动巡检、3D 可视化机房运营全景管控平台”等工具平台，发展智慧化运维，着力提升电信数据中心资源的运维服务效率和数字化运营能力。中国移动打造数据中心可视化运维平台，通过“3D 可视、监控大屏、AI 能力、AR 协助”等积极探索 IT 云数据中心的数智化运维。

4．产品定价策略

围绕基础运行维护服务的三类功能设计和四项子项服务，全面分析国内三家基础电信运营商和万国数据、光环新网、世纪互联、鹏博士等典型第三方 IDC 服务商的资费差异，可得到主要运行维护服务产品的资费制定策略如下。

（1）常见施工服务类型：设备上下架的子项服务资费

1）基础电信运营商：施工服务能力相对较弱，通常由客户自行施工，例如，某电信省公司设备上下架按梯度收费，4U 及以下设备上下架，200 元/（台 • 次）；4U 以上设备上下架，400 元/（台 • 次）。未来该项服务资费可与机柜租赁业务捆绑提供相应优惠。

2）主流第三方 IDC 服务商：世纪互联、网银互联等提供的施工服务中设备上下架、设备加电一般均为免费。

（2）常见施工服务类型：综合布线的子项服务资费

1）基础电信运营商：综合布线一般是按天/人收取施工费，耗材费根据实际情况收取。

2）主流第三方 IDC 服务商：综合布线及设备迁移更换部分厂商采取收费模式，采用收取安装费、材料费等模式进行计价。

（3）日常设备维护服务类型：设备巡检及维护的子项服务资费

1）基础电信运营商：一般可免费提供设备巡检；部分采取包年计费，收费标准约 250 元/（台 • 年），每月巡检一次，按月提供巡检报告和基础硬件监控报告，授权操作不限次数。

2）主流第三方 IDC 服务商：部分采取收费模式，巡检频率不同，价格不同。例如，鹏博士提供半柜或者整柜每周或者每月设备巡检一次，同时发巡检报告和基础硬件监控报告给客户；每月巡检一次，包年计费为 6000 元/年；每周巡检一次，包年计费为 15000 元/年。

（4）系统基础代维类型：系统代维（操作系统安装、配置及升级）的子项服务资费

1）基础电信运营商：一般免费提供，部分按 200 元/（台 • 次）收取费用。

2）主流第三方 IDC 服务商：多为初次免费、后续收费的模式，价格区间约为 200～500 元/（台 • 次）。例如，世纪互联按照 500 元/（台 • 次），包年 5000 元/（台 • 年），含 12 次安装操作；初次上架时，免费为所有服务器安装操作系统；每季度有 1 台次的免费重装服务。

综上，本节通过对国内运行维护服务产品市场发展趋势、客户需求、产品功能设计及资费定价情况的分析，发现国内运行维护服务产品市场逐渐驶入成熟期，第三方 IDC 服务商具备专业优势，且资费价格较为灵活，面向互联网企业、政府机构、金融行业和交通运输行业等主要客户，能够在提供较强的施工服务、设备代维、系统代维、运营服务报告等运维服务的基础上，借助自主研发的智能化，运维产品或平台系统，整体提升其核心运维服务能力及客户满意度。未来，运营商需要进一步强化自身高阶智能化运行维护服务产品能力，同时依托自身设备巡检及系统代维等优势服务能力，不断提升运维服务产品市场份额。

5.2.5　打造新兴融合类产品——算力

从外部形势来看，数字中国提升了算力战略地位，AIGC、边缘计算、信创及隐私计算等新技术推高算力需求、重塑服务模式，推动算力从基础设施过渡到产品服务。如以 ChatGPT 为代表的 AIGC 技术在游戏、电商、影视等数字化程度高、内容需求丰富的互联网行业细分领域应用较多，未来应用场景会进一步多元化，逐步覆盖金融、医疗、教育等领域。对 AI 算力需求主要聚焦在训练、渲染、推理和加速。边缘计算的应用层次由浅边走向深边，对定制化、容器化、平台化的云算力提出更高需要，主要应用场景包括渲染、加速以及推理等。党政和金融是信创的先行领域，在算力需求类型从单一普通算力类型向一云多芯、全面适配的多元异构算力演变，当前以信创服务器、操作系统等 IDC 侧算力需求为主。隐私计算正值行业基建期，应用集中在跨平台联合营销、网页数据跟踪、互联网金融等场景，算力需求从服务器级分布式计算向密态基础设施演进（密态基础设施包括计算密态、大数据密态和传输密态等）。

从应用实践来看，算力产品很早就有，传统的服务器租赁就是最基础的服务形式。当前算力产品呈现更多变化和不确定性，一方面普通算力逐步被智算、超算所替代，算力由单一走向多元；另一方面，算力从集中式走向分布式，形成云边两级的状态。此外，还涌现出信创、数算等特殊“品种”。因此，在当下窗口期间，算力产品的设计及模式研究变得至关重要。首先，市场空间及需求的分析是必要的。

1．需求分析

从行业需求分布来看，互联网是最大算力需求行业，占整体算力近 50%份额，重点聚焦在公有云、视频、电商、网站、游戏等领域，同时算力云化趋势明显。电信和金融行业信息化和数字化起步较早，是我国算力应用较大的传统行业，算力应用处于行业领先，如图 5-16 所示。

进一步按照客户规模分析互联网客户的算力需求类型可知，互联网客户需求由传统 IDC 向算力需求转变，承载形态呈中心算力+边缘算力两级态势，其中大中型互联网客户，尤其云商，以中心 IDC 需求为主，涌现以 CDN 为主的边缘算力合作需求；细分领域互联网厂商，如游戏领域的网易、视频领域的字节跳动、电商领域的京东，它们往往兼顾中心算力+边缘算力需求；中小型企业以纯公有云算力需求为主，游戏视频等细分领域中小企业对边缘算力有需求。具体如图 5-17 所示，该图来自大量客户需求的调研结果。

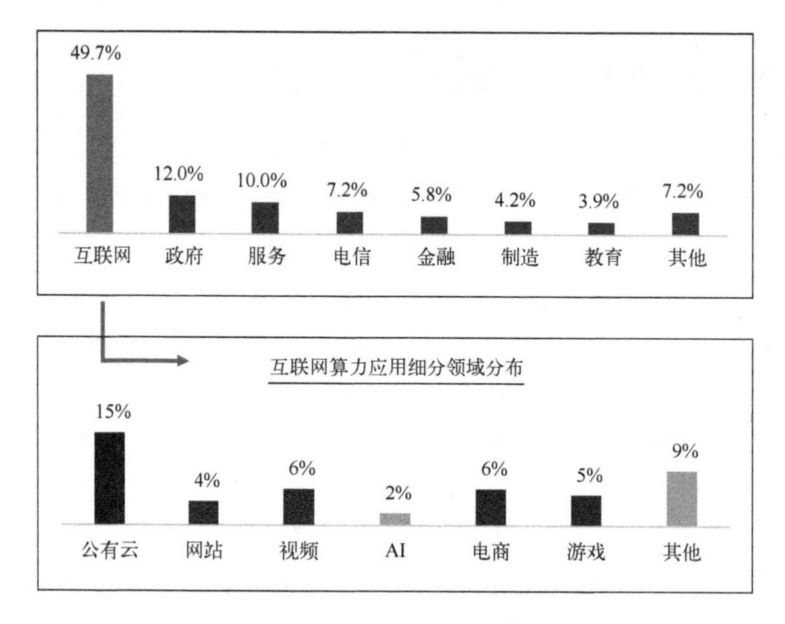

图5-16 2021年我国各行业算力应用占比（以算力需求量计算）

数据来源：中国算力指数白皮书等。

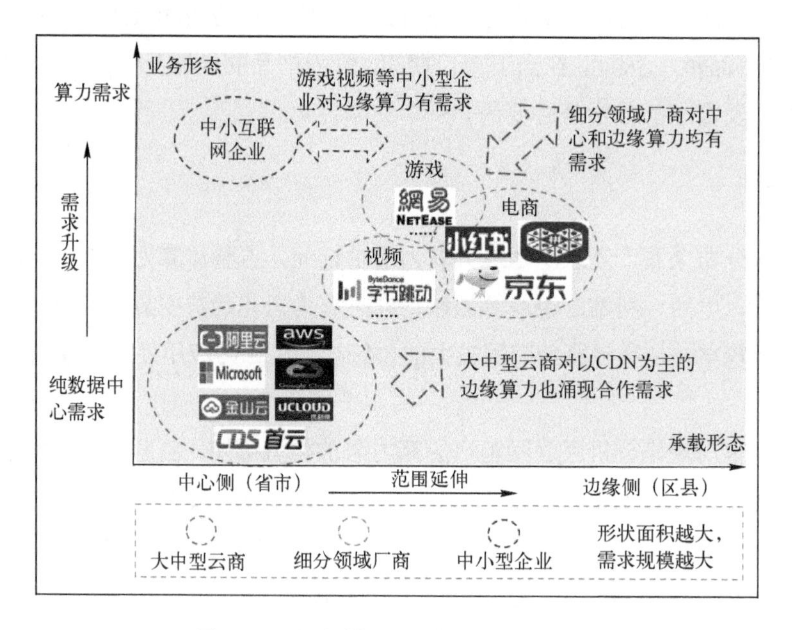

图5-17 不同规模互联网客户算力需求视图

数据来源：中国通服数字基建产业研究院。

从上述场景进一步细分，可以发现，云游戏、云视频、vCDN、云桌面是当前算力刚性需求最显著、模式最成熟的四类子领域，具体来看一下。

1）云游戏以渲染的算力需求为主，将内容和储存、计算和渲染都转移到云端，实时的游戏画面串流到终端显示，算力需求从中心开始转向边缘，包括计算资源和存储资源，计算资源 vCPU 要求多核，画面渲染要求 GPU 配置；云游戏典型场景又可以细分为大型多人在线、角色扮演、多人在线和第一人射击等几类，其中前两类对对画面渲染要求极高、存在高并发的计算量负载；后两类对延迟更敏感。

2）视频云场景主要是加速+渲染的算力需求，总体具有高带宽、低时延的特点，可细分为实时音视频、图形图像处理两大场景。需中心+边缘多层次算力资源部署，计算资源 vCPU 要求多核，图形图像处理场景 GPU 配置比重大，同时视频编解码对 FPGA 需求较大。

3）基于边缘云的 vCDN 场景主要是加速的算力需求，包括大文件下载、视频播放服务等，算力资源部署需求靠近用户的 CDN 节点，以边缘云算力为主；其中大文件下载、网站加速、下载加速等要求极低时延；互联网视频播放服务等对大带宽、高扩展性、GPU 异构算力的需求凸显。

4）办公云桌面场景主要是办公+渲染的算力需求，总体具有高安全、高稳定性、高可用性的特点，可细分为 OA 办公、专业制图两大场景。算力资源部署需求以中心云为主，算力需求均包括计算资源和存储资源，计算资源 vCPU 以 x86 架构为主，专业制图场景需额外配置 GPU。

2. 主流实践

（1）阿里云算力产品视图

一句话概况阿里云算力产品特色：以全球资源布局、泛边缘计算节点及两大智算中心为基，打造覆盖以渲染、加速、数据处理为主的互联网场景的全栈云形态算力产品和平台服务。具体而言，两大智算中心包括张北智算中心（12 EFLOPS）和乌兰察布智算中心（3 EFLOPS），之上搭建了两大计算平台，包括神龙计算平台和飞天智算平台，打造了云服务器、高性能计算、智能计算、边缘计算四类算力产品，如图 5-18 所示。

图 5-18　阿里云算力产品矩阵

数据来源：企业官网。

在服务场景上，主要有五类：GPU 弹性计算、影视特效、AIGC、远程办公和边缘图像识别，对应的产品服务分别为：GPU 云服务、E-HPC、模型服务（灵积）、无影云桌面、视图计算，面向的主要客群为中小型科技公司、视频游戏公司、AI 公司及科研机构、多分支机构和交通物流等行业。

（2）百度云算力产品视图

一句话概况百度云算力产品特色：践行“云智一体”总体战略，从基础到技术再到应用，层层深入产业，打造全栈自研算力产品。具体而言，以自研昆仑芯片、文心大模型等为基础，构筑百舸 • AI 异构计算平台和 AI 中台两大核心平台，形成**“芯片-框架-大模型-行业应用”**的智能化闭环路径。智算中心主要有四座：山西阳泉智算中心（4 EFLOPS）、山东济南智算中心、江苏盐城智算中心（200 EFLOPS）、湖北宜昌智算中心。百度云在产品类型上与阿里云一致，具体产品存在一定差异，如图 5-19 所示。

云服务器	高性能计算	智能计算	边缘算力
太行·弹性裸金属服务器	太行弹性高性能计算	智能图云	边缘服务器ECS
GPU云服务器	本地计算集群	曦灵-智能数字人	边缘计算节点BEC
FPGA云服务器	函数计算CFC	智能大数据	智能边缘

图 5-19　百度云算力产品矩阵

数据来源：企业官网。

在服务场景上，百度云更侧重行业垂直场景和智能云方案打造。主要有五类：智能制造及工业互联网、智慧金融、自动驾驶、智慧城市及城市大脑、智能视频、视频分发加速，对应的产品服务分别为：开物 2.0、产业数字金融方案、汽车云、九州区县大脑解决方案、智能视频云 3.0。

（3）华为算力产品视图

一句话概况华为算力产品特色：依托分布广泛的基础资源储备，打造四大 AI 基础平台和全光调度网络，聚焦影视、网游、电商等多个互联网应用场景，打造多元化算力产品。具体而言，四大基础平台指 HiLens 视觉平台、图引擎服务平台、ModelArts 开发支持平台、推荐系统平台，拥有一张算力网络：全光调度，400G+OXC 超高速互联，算力一跳直达，覆盖 300+地市，具备广泛分布的智算中心资源，华为联合政府建设了 20+城市人工智能计算中心，总算力达 10E+ FLOPS。具体产品与其他服务商差异不大，如图 5-20 所示。

在服务场景上，华为注重围绕典型需求场景打造定制化的模型。华为形成了三大阶段成熟模型体系：L0 基础大模型包括视觉、NPL、图网络、科学计算、多模态等大模型，根技术是架构、泛化性、精度、训练成本。L1是基于基础大模型之上的行业大模型，在电商、煤矿、气象、金融、视频等大场景上应用落地，可以实现无监督训练。L2是细分场景模型，聚焦图文搜索、多轮对话、气象预报、视频渲染等子场景。

图5-20 华为算力产品矩阵

数据来源：企业官网。

（4）电信算力产品视图

一句话概况电信算力产品特色：依托“IDC+智算+云”三大基础资源储备，打造智算平台和超算平台，聚焦云视频、云游戏、云桌面、AR/VR等典型算力应用场景。具体而言，借助覆盖全国的算网连接调度〔天翼云4.0算力分发网络平台——“息壤”，可实现3.1 EFLOPS（每秒310亿亿次浮点运算）全国算力的调度〕，打造“2(2)+4+31+X+M+N”云智超一体布局体系，X、M、N分别是地市数据中心、远边缘中心、近边缘中心。目前全国储备超2.4万片智算GPU。具体产品如图5-21所示。

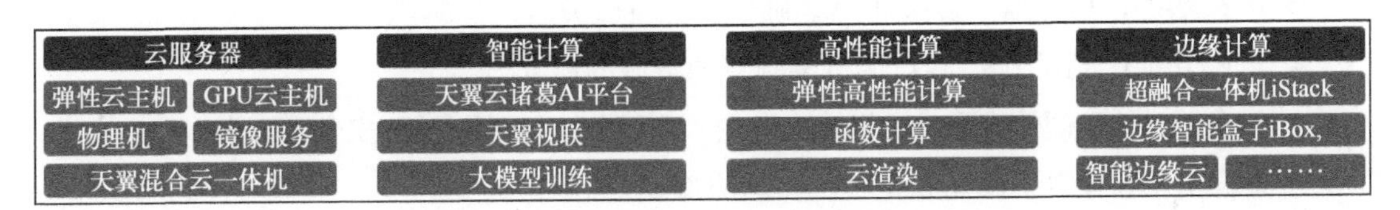

图5-21 电信算力产品矩阵

数据来源：企业官网。

在服务场景上，电信注重全国范围内的分层级能力部署。主要有AIGC、视频渲染、数智化、视联网，以及私有云项目五类场景，对应的产品服务为大模型训练、云渲染、GPU云主机和云电脑、天翼视联、项目制智算项目，主要客户群分别为AI公司及科研机构、视频游戏公司、政企客户数字转型、仓储物流及医疗教育、制造等传统行业。

3. 产品设计

围绕市场需求和实践总结，我们建议打造“4+1”算力服务体系。4大核心算力产品，包括普算算力、边缘算力、AI算力和信创算力，这些均强调资源属性，但不局限于资源本身，也涵盖与资源调度管理紧密相关的平台产品，比如算力调度平台、边缘算力服务平台等。在建设特性上，普算应体现高定制，边缘算力应体现多样化，AI 算力普惠化是重要趋势，信创算力主打高安全。1 大新兴产品指数算算力产品，强调应用融合，典型产品包括隐私计算平台、数字营销、AI 数据服务方案等。初步建议产品视图如图 5-22 所示。

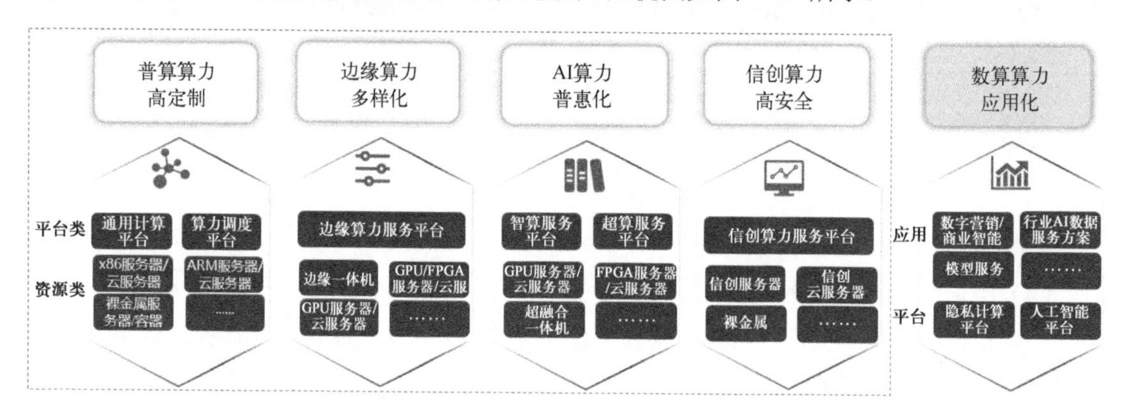

图 5-22 “4+1”算力产品设计视图

在产品建设路径上，建议分资源化、云化、平台化三个阶段演进，要素融合同步升级。

（1）资源产品化阶段

- **产品形态**：服务器、裸金属等基础资源租赁服务。
- **产品功能**：满足 IDC 客户从机架到算力资源的需求。
- **服务模式**：以硬件代采或转售转租为主，可提供“IDC+服务器+安全”等融合 IDC 方案；按集群出租和零散资源出租定价，融合方案定价。
- **核心能力**：服务器供应链整合能力。
- **要素融合**：算力融合 IDC，IDC 侧系列产品，包括网络、安全等。

（2）云化产品阶段

- **产品形态**：异构云服务器（GPU、FPGA 等）、容器等资源租赁服务。
- **产品功能**：打造低成本、便捷接入、高弹性算力池，提供更小颗粒、新型计算服务。
- **服务模式**：按照原有云服务方式提供算力服务；以算力+算网为量纲定价。
- **核心能力**：强化算网建设，实现以云调算。
- **要素融合**：云资源产品与场景应用融合。

（3）平台化产品阶段

- **产品形态**：集群算力调度平台、边缘算力服务平台、AI 算力服务平台、信创算力服务平台、数算平台（如隐私计算平台），多个平台会进行融合，并可能以模块化专区形式存在。

- **产品功能：**提供“算力+网络+平台+应用”的服务，实现算力全域开通、一体协同、应用多元化。
- **服务模式：**平台+服务器等算力资源一体化租赁，叠加应用定制；平台按节点接入计数；算力资源按服务器/容器/实例等使用量计费，应用按定制收费或平台抽佣。
- **核心能力：**依托网络与资源优势，打造特色平台产品。
- **要素融合：**算力融应用，探索算力平台化、数据价值化应用。

在具体的定价上，我们看一组真实调研数据：根据近期针对 16 家北京海淀区内智算企业的调研，大部分企业均存在旺盛的训练和推理需求，在用和需求算力以租用形式为主，算力需求从 30P 到 2000P，差异较大，月单价 1.3～1.6 万元/P，租用价格近期上涨趋势明显，目前新增算力价格在 1.6 万元/P 以上。除算力规模外，调研客户还会重点关注数据中心内部网络带宽、数据安全以及运维管理服务等方面。

4. 延伸思考

（1）智能芯片选型思考

算力产品建设离不开芯片选型。在进口芯片受到严格限制的背景下，如何选取高性价比且安全可靠的芯片成为智算关联企业的重要命题，尤其对于算力基础设施主导者，而对芯片供应链掌控力较弱的运营商、跨界服务商为主体而言，这个问题更为重要。通过市场需求洞察以及大量厂商调研数据的收集分析，下面将初步提供一些借鉴思路。

在当前市场环境下，可以发现，价格、性能、自主化程度成为国内智能芯片选型的主要诉求，围绕这三项指标，对华为、龙芯、中兴、寒武纪、海光五家主流厂商进行信息摸排，得出以下初步观点。

① 在 A100 同等可比规格下，各厂商国产化芯片价格相近，且比进口的 A100 性价比更高。如华为 300I Pro、寒武纪 MLU370-X8、海光深算一号（8100 系列）均为 2～3 万元/单片。

② 自主化程度上，各厂商差异较大，目前华为、寒武纪、海光自主化程度较好。

③ 针对训练和推理这两类不同场景，不同厂商性价比存在差异，如寒武纪 370-X4 推理性能可达到 A10 的 119%，且目前已经完成和业内多家主流 x86 服务器厂家适配，表现较好；华为 Atlas 300I Pro 同样较好。训练场景下，华为昇腾 910 （主推训练）单芯片计算密度最大（性能可比 H100），性价比更高；海光 GPGPU 路线更适合大模型趋势，兼容类“CUDA”

生态，同等性能下，价格有一定优势。

④ 从应用实践来看，目前国内政府侧智算中心中华为份额最高，寒武纪、浪潮、海光等也有一定份额，见表 5-12。

表 5-12 主流芯片厂商初步选型对比表

厂商	CPU 芯片	单芯片价格	性能	自主化程度
华为	7*Atlas 300I Pro 推理为主	2 万	88 TOPS (INT8)	全面自主化
	8*Ascend 910 训练为主	10 万级	110T (FP32)	
龙芯（用寒武纪的）	8*MLU370-X8，训练为主 8*MLU370-X4，推理为主	2～3 万元	370-X8 12-14T (FP32)，只有 A100 60-70%；370-X4 推理性能可达到 A10 的 119%	自主能力总体较弱，GPU 卡偏重渲染能力
中兴	8*英伟达 A800	11 万元	20T (FP32)	自主化程度低
寒武纪	4*MLU290-M5	10 万级	512TOPS (INT8)	自主化较高
海光（中科曙光）	深算一号（8100 系列）	2 万元	16T (FP32)	自主化较高

数据来源：华信智算团队。

（2）大模型演进思考

ChatGPT 掀起了通用大模型的研发高潮，成为国内外各大云商的竞争要塞，同时，行业融智的个性化诉求加速催生基于基础大模型之上的行业大模型。目前全国至少已发布 81 个百亿级参数大模型，呈现“百模大战”的蓬勃创新局面。对于有志此赛道的企业而言，如何切入大模型成为当前的重要命题。

1）基础大模型：主要由巨头云商自研，服务互联网通用场景。

今年以来，国内外基础大模型在经过周期性孵化之后，开始纷纷涌现，成为目前 AIGC 最热门领域。就服务商而言，巨头云商占主体，专业的大型 AI 专业服务商也开始加入进来。就服务场景而言，模型以面向互联网行业的通用性应用场景为主，如广告媒体、电商、零售、游戏等细分领域，并开始逐步赋能垂直行业，率先服务于数字化程度较高、内容需求丰富的行业，如金融、办公、教育科研、交通等。落实到具体场景，目前较成熟的有智能搜索、文本生成、智能推荐、AI 绘画、问题问答、协同办公、自动驾驶等。就建设模式而言，自研是主要建设模式，部分腰部互联网厂商会选择与 AI 技术领先的专业公司进行合研，产研协同是合研的主要动力，互联网厂商能够提供训练数据和应用场景，加速商业化进程。部分通用大模型厂商见表 5-13。

表 5-13　国内外通用大模型厂商表

地区	企业名称	模型名称	发布时间	应用行业	功能场景
国内	阿里巴巴	通义大模型	2023 年 4 月	电商、交通、办公、科研等	商品搜索、智能推荐、协同办公、遥感测算等
	腾讯	混元大模型	2023 年 4 月	办公、广告、游戏、云计算、社交等	云会议、云视频、云游戏、广告创作、广告推荐等
	百度	文心一言	2023 年 3 月	媒体、农业、工业、金融、教育、医疗、交通、能源等	智能搜索、智能云、自动驾驶、AI 风控、远程问诊、电子病历等
	华为	盘古大模型	2023 年 4 月	科研、能源、交通、金融等	气象预测、能源勘探、自动驾驶、智慧金融等
	科大讯飞	星火认知大模型	2023 年 5 月	教育、交通等	在线教育、自动驾驶等
	昆仑万维	天工 3.5 大模型	2023 年 4 月	游戏、社交、VR/AR 等	智能编程、文案生成、图片生成等
国外	OpenAI	GPT-4	2023 年 3 月	教育、金融、医疗、科技、传媒、零售、智能客服等	识别图像、创意文本、文字生成
		ChatGPT	2022 年 11 月		文本分析、文本摘要/创作、对话生成
	Midjourney	Midjourney	2023 年 3 月	金融、医疗、电商、智能客服、智能物联网	图片生产、AI 绘画
	亚马逊	Bedrock	2023 年 4 月	模型托管、智能客服、电商、办公	文本生成、搜索、文本摘要、图形生成、个性化
	谷歌	PaLM-E	2023 年 3 月	工业、机器人、智能家居	文本理解、图片识别、机器翻译、情感分析

数据来源：中国通服数字基建产业研究院。

2）行业大模型：主要由行业龙头自研，服务金融、医疗等行业的特定场景。

在通用大模型之外，行业大模型也正在加速发展，成为未来重要潜力市场。就服务商而言，几乎均为深耕垂直行业多年的行业龙头企业，其中金融、医疗等行业由于场景明确、刚性程度大，相对更活跃。就服务场景而言，模型以面向金融、医疗、教育、工业等行业的特定场景为主。就具体落地场景，不同行业存在差异较大，如金融集中在营销、征信数据分析等场景，医疗较多应用在智能诊疗，教育则关注教学互动的智能化升级，而工业在生产仿真等高端领域较多涉及。就建设模式而言，考虑数据安全合规性和性能定制要求，自研是主要建设模式，不过部分企业会借助大型云商技术能力进行行业模型的构建，中国通服数字基建产业研究院（华信）预计：未来随着行业模型的开发要求越来越高，数据要素流通的日益健全，基于通用大模型做行业模型的二次开发会成为重要趋势。部分行业大模型厂商见表 5-14。

表 5-14 国内行业大模型厂商表

面向行业	企业名称	模型名称	发布时间	功能场景
金融	奇富科技	奇富 GPT	研发中	智能征信解读、智能营销、反欺诈、贷前额度、贷中调整等
	度小满	轩辕	2023 年 5 月	金融名词理解、金融市场评论、金融数据分析和金融新闻理解
	农行	ChatABC	2023 年 3 月	语言翻译、情感分析等文本分类任务以及代码生成、知识问答、文本摘要、上下文解析等
医疗	医联	MedGPT	2023 年 5 月	疾病预防、诊断、治疗到康复的全流程智能化诊疗
	卫宁健康	WiNGPT	研发中	互联网问诊、医疗报告生成等
	智慧眼	砭石	2023 年 5 月	智能问诊、辅助阅片、面诊舌诊、生理指标预测、睡眠监测
教育	有道	子曰	内测	口语练习、情感反馈、多轮对话等
工业	中国商飞	东方·御风	2022 年 9 月	仿真设计、气流预测

数据来源：中国通服数字基建产业研究院。

“前面说的很多策略都很好，但不少只适用于企业。就我们政府层面而言，有没有一些需要注意的点？”政府 E 随后问。“提得好，政府是数据中心产业非常关键的一环，下面我将就政策实施之道做专题分享。”咨询 A 微笑着回答。

第 6 章
数据中心产业政策实施之道

政策实施之道紧密围绕政府施政的核心诉求，精准聚焦各类角色的经营困惑。

6.1 “东数西算”战略下政府诉求、承载能力及定位

“东数西算”是在数字文明新时代背景下的重大战略举措，是南水北调、西电东送、西气东输之后又一重大基础设施工程，是政府总体谋划、多元主体参与、多区域协同联动的国家级战略，对于提升国家整体算力水平，促进绿色发展，扩大有效投资，推动区域协调发展等方面，具有重大的战略意义。

6.1.1 “东数西算”战略下政府诉求分析

算力资源绿色集约发展需求。数据作为新型生产要素，国家算力建设对于提升国家综合实力，构筑国家竞争优势具有极为重要的战略意义。我国原有的数据中心大多处于比较粗放的状态，其特点集中体现为“小、废、粗、慢”，既不利于数据中心的专业化管理，也不利于数据中心的节能降耗。统计数据显示，2020 年国内数据中心年耗电量为 2045 亿 kWh，占全社会用电量的 2.7%，十四五期间数据中心需求增长显著，全社会用电量占比将提升到 5%以上。“东数西算”战略可以有效缓解我国电力资源供需不均衡的矛盾，同时也有利于数据中心的集约化、绿色化发展。

扩大投资优化产业结构需求。疫情之下全国经济面临需求收缩、供给冲击、预期转弱三

种压力，“东数西算”战略有效提升了国内数据中心领域的投资热度和力度，成为地方政府稳经济、稳增长的重要抓手之一，据权威数据预测，数字基建投资拉动投资乘数效应可以达到6 倍以上。数据中心建设将有效激发“数据”作为新型生产要素的巨大潜力，催生新技术、新产业、新业务、新模式，为我国数字经济高质量发展孕育新的经济发展动能。

西部地区经济转型升级需求。相对于东部发达地区而言，西部地区普遍存在新兴产业发展滞后、传统产业发展比重大、生态资源和生态资产优势、政府财力有限、市场主体弱小等特征。大部分西部地区城市既没有芯片、存储、网络等硬件科技产业链，也没有相对强大的软件服务产业链，既影响了地方产业数字化、治理数字化的进程，也很难形成规模化的数字化产业。西部数据中心集群建设将通过“数据”能力来汇聚数字经济产业，为西部数字经济发展带来新的动力。

东部地区资源发展平衡需求。相比较西部地区，电力资源相对紧张是地方算力水平持续提升的瓶颈。气候等因素导致东部地区数据中心的平均能耗水平明显高于西部地区，再加上东部地区自身发电能力弱，产业用电需求又高，诸多因素导致东部局部地区出现数据中心建设供小于求的情况，无法高效支撑地方政府、社会、经济的数字化转型。

6.1.2 “东数西算”战略下地方承载力分析

“东数西算”战略实施需要相关资源和能力的保障，总体来看可以分为资源承载力、网络支撑力、产业支撑力、人才补给力和政府影响力五个方面，五个方面相互影响，缺一不可。

大数据能耗资源承载力。“东数西算”战略能否成功落地，首先要依赖于数据中心的能耗需求能否高效满足。目前内蒙古、贵州、甘肃、宁夏、成渝五大枢纽节点均规划 2000 万～6000 万 kW 不等的风电装机能力，从总体供给角度可以有效支持可再生能源的供应，但绿电跨省、跨区交易仍属于试点阶段，未实现常态化和规模化。除交易时机不确定外，交易流程复杂、合同手续繁复、送方省份受可再生能源电力消纳责任考核影响缺乏电力外送意愿等因素，一定程度上也给省间绿电交易带来了挑战，也使“东数西算”政府间、政府与企业间资源互换上形成较大阻力。

大数据调度网络支撑力。“东数西算”战略实施离不开东西部间高速传输网络和高效调度网络的支持。从网络能力看，应用时延响应是“东数西算”战略落地不能跳过的约束性指标，枢纽节点间现有传输能力仍有待提升。从算力调度看，无论是单云还是多云，云资源调度平台技术实现并非难事，电信运营商、互联网企业等均有探索和实践，但阻力仍旧是产权、商业模式、应用场景。以运营商为例，数据中心的商业模式为机架租赁为主，并不具备自己的算力，哪怕有一部分属于可调度的算力，虽均属于省级运营商，但收入归属仍到地市，资源调度就会涉及收入的结算、业绩指标考核等问题，零星的调度暂时无法推动跨区域的算力资源联动。单云尚且复杂，多云就更涉及企业间的竞争和利益的再分配，在无政府干预的情形下，企业没有太多的动力去推进多云、跨域调度的工作。

大数据产业支撑保障力。“东数西算”战略落地需要有强有力的大数据产业支撑保障力。大数据产业链环节不仅需要数据中心建设运营企业的参与，还需要汇聚软件应用服务型企业、大数据分析挖掘服务型企业、大数据交易服务型企业。大数据产业链的“短链断链”将直接影响数据中心对本地产业的带动和汇聚作用，无法形成自我供血的大数据产业生态。相比较而言，由于西部地区原有大数据产业基础相对薄弱，短期内地方大数据产业支撑保障能力相对较弱，完全依赖外援来支持的模式无法实现可持续发展。

大数据人才队伍补给力。“东数西算”战略落地还需要大数据人才的有力保障。相比东部地区，西部地区数字化人才相对缺乏，大量数据中心建设及配套产业发展将对本地数字化人才提出更高要求，本地高校生源无论是数量还是专业都无法满足大数据人才供给需求，而吸引外地高校生源到本地就业的难度也比较大，因此，数字化人才的问题也将成为“东数西算”战略实施的阻力之一。

企业需求迁移影响力。“东数西算”战略实施最初始也是最关键的环节是让数据中心需求方愿意将数据存储和计算业务向西部迁移。目前数据中心的目标客户主要集中在互联网、金融证券、党政军等领域。互联网企业正逐步从租用数据中心向自建和租用结合转变，以阿里、腾讯为代表率先启动了全国性布局战略，通过差异化定位，内部调度等方式努力提升数据中心整体运营经济性，但一定程度上也把很大部分资源投入到近需求的区域。金融证券、党政机关类用户，大部分的需求集中在本地，对成本的不敏感以及对便捷程度的敏感等导致上述行业的数据中心用户倾向于选择离办公地点相对较近的区域。政府需要利用政策杠杆来撬动政府自身与企业的数据中心资源购买偏好，加速适用场景向西部数据中心迁移。

6.1.3 “东数西算”战略下政府定位及角色分析

角色一：组织规划指导。国家层面已经出台了相关实施方案、指导意见，为推动“东数西算”战略的深化实施，需加强有效政策的研究制定、宣传引导、跟踪考核，让相关利益方能主动参与到“东数西算”战略的实施中。西部地区省市级政府重在“招商引资”，需加强本地数字经济营商环境的营造，发挥自身的资源优势，结合地方产业特点，夯实差异化定位和目标，以更加开放的心态与东部政府、运营商及龙头企业进行共赢合作。东部地区省市级政府重在“提质增效”，需加强新战略下衍生新兴产业的培育孵化，加强在算力调度领域的机制创新探索，加强公共数据授权运营领域的探索，加强与西部地区资源的互补等。

角色二：制定政策工具。一是发挥运营商全国云网布局优势。电信运营商拥有央企背景、东西网络连接、全国资源布局、数据中心专业运营、网信安全防护等优势，同时满足大数据生产、存储、处理、交易一站式服务能力，是“东数西算”战略实施的关键主体之一。政府需充分发挥运营商全国云网布局的优势，推动四家运营商加强全国网络质量提升和成本计费模式优化，加快大型以上数据中心建设布局，率先探索“东数西算”算力调度平台建设和商业运作模式，率先开展在绿色节能、自主可控、算力调度、边缘计算等领域的示范工程建设。二是强化龙头企业的创新引领作用。数据中心领域的龙头企业，以阿里、腾讯、华为等为例，具有全国散点布局的存量资源和产业链资源，拥有先进技术和团队储备，对大数据产业具有较强的影响力和号召力。西部政府需加大对上述类型的企业招引，可快速实现“以点带面”的产业扩散效果，应鼓励上述企业多承担细分领域链主要角色，重点承担产业导入和扶植、数据中心技术创新等工作。

角色三：产业培育扶持。推动大数据产业前后向延展孵化。数据中心前向产业为制造领域，制造环节对地方 GDP 的贡献显著，地方政府应加强数据中心设备制造细分领域企业的招引和培育，加快推动芯片、服务器、液冷等新型领域的创新能力提升和规模经营能力建设，依托示范工程建设树立行业标杆，提升地方产业影响力。数据中心后向产业为安全服务提供商、算力服务商、数据授权运营商和平台应用服务商、余热资源利用服务商等，是在本次战略落地过程中可能出现的新业态，窗口期较短，地方政府需鼓励开展数据中心增值业务试点和能力培育，逐步形成本地化的大数据服务产业链。

角色四：人才培养招引。数据中心人才除外地招引外，地方培养仍将是大数据人才库建设的主要来源。地方政府应鼓励地方高校设置大数据、AI 相关的学科，加强大数据、AI 相关职业教育工作，为地方政府、数据中心产业生态企业提供全方位的人才支持。

“在宏观分析了政府的相关诉求和定位后，下面我将重点对东西部节点及非节点城市的政府角色做进一步分析，以体现不同区域的政策实施差异。尤其对西部节点而言，如何在数字经济和“东数西算”双重大环境下最大程度地发挥出自身的复合特色、找到适合自己的位置、在有限的窗口期抢占到战略机遇显得更为关键。”咨询 A 接着说。

6.2 东部节点城市政府角色及经营策略

6.2.1 “东数西算”战略对东部节点城市发展的影响

对于东部节点城市而言，“东数西算”战略有利于节点城市数据中心的绿色集约化发展，对于提升节点城市所在区域算力水平，优化数字经济营商环境、提升数据中心产业链竞争力、推动跨区域协同发展等，具有重大的战略意义。

优化东部节点所在省的算力布局。“东数西算”战略要求“枢纽节点内的数据中心集群化发展，集群内数据中心机架占比到规划期末要达到 70%，“东数西算”数据中心机架占比到规划期末要达到 30%”，这势必影响东部节点城市数据中心的区域布局。以浙江省为例，《浙江省数据中心布局方案（2020—2025 年）》曾提出“形成我省数据中心枢纽区、主核心区、副核心区、特色区、节点区“整体统筹、五级联动”的发展新格局”,杭州及四大都市圈是作为数据中心布局的核心区域。本次长三角枢纽节点建设将打破原有的数据中心布局设想，所有的新建数据中心将向一体化示范区集群集中，起步区仅在嘉善，未来集群可能会扩展到杭州、嘉兴、湖州、宁波等地；但金华、温州及其他都市圈外地市新建大型以上数据中心的可能性将会变得很低。

全面提升东部节点所在省的算力服务水平。以浙江为例，《浙江省数据中心布局方案（2020-2025）》提出十四五期末全省数据中心机架总量将达到 91 万台标准机架的服务能力，除部分新增需引流到西部外，超 40 万台标准机架将在集群内进行分步建设，浙江省整体算力服务能力将得到显著提升，将有效保障全省数字化改革背景下党政整体智治、数字政府、数字经济、数字社会、数字文明、数字法治建设。对于东部节点城市，东部地区 PUE 要低于 1.25，示范项目要低于 1.15。这也要求东部节点城市要加快存量数据中心的改造提升，否则将面临淘汰出局的风险。

优化东部节点所在省的数字经济营商环境。数字经济的高质量发展，数字化改革的稳步推进，均离不开数字基础设施，尤其是算力资源的支持。纳入到全国八大枢纽节点建设的东部节点城市，将进一步加速省内未来算力建设及配套网络条件改善，进而提升东部节点城市对外省资本及企业入驻的吸引力，对整体数字经济营商环境优化具有较大助力。

提升东部节点所在省的数据中心产业链竞争力。全国八大枢纽节点建设将带来数据中心和通信网络领域的密集性、大规模投资，同时会推动数据中心产业链绿色节能、自主可控等技术的创新升级。对于东部节点城市而言，需发挥省内骨干企业优势，加快国产服务器、新型交换机、新一代处理器芯片、新型机电配套等硬件产品研发制造产业链的打造，加大对大数据、云计算、量子信息等关键应用技术研发，在自主可控、绿色节能领域持续输出本地的解决方案。

6.2.2 东部节点城市实施难点及挑战分析

存量数据中心改造提升难度较大。东部节点城市相对西部节点城市而言会有更多的老旧数据中心存量。以浙江为例，浙江省存量数据中心规模较大，老旧小散数据中心占比相对偏高，涉及运营主体数量较大，按照《浙江省推动数据中心能效提升行动方案（2021—2025 年）的通知》相关要求，浙江省在十四五期间要淘汰 40 个、整合 32 个、改造 76 个以上数据中心，如何以相对较低的成本，较快完成整改整合提升改造将是浙江省政府及数据中心相关企业需要协同完成的重要任务。

多云、跨域调度场景不明朗。省内多云调度、省际及省内跨域调度快速实现的关键，不是技术解决方案，而是应用场景。目前运营商内部省内省级跨域调度并不是特别普遍，主要原因是运营收入归属冲突、调度流程相对繁杂、调度经济性不显著等。而企业间多云调度的场景主要是面向目标用户群体有多云服务场景的时候，会作为一种解决方案给客户提供，但一般通过市场化资源集成方式予以解决。而国家发改委目标的多云调度是在政府引导下，构建一个多云服务的平台，可利用一定的算法模型进行多云提供商服务的智能化选择，实现忙闲资源调度以达到整体算力效率的较优配置。这一场景的实现前提是要有政府可引导、一定规模以上的数据中心需求资源，同时要有合理的商业模式、运营主体及运作机制，能够保障各参与主体的诉求，实现可持续运营。这的确和现有数据中心市场的运营模式有较大差异，需要创新和突破。

数据中心产业链价值增值难度较大。以浙江为例，“软强硬弱”一直是浙江省数字经济产业链的典型特点，在数据中心产业链领域，除新华三外，规模型企业相对较少，尚未形成数据中心的产业集群效应。液冷制造等新产业链目前全国还没有形成规模型生产能力，能否发挥先行先试优势，形成在细分领域的领跑优势对于浙江数字经济产业高质量发展将发挥重要作用，但难度的确较大。

助推“东数西算”的影响手段相对有限。“东数西算”战略实施的关键干系人除地方政府外，还有广泛的数据中心用户群体。数据中心用户主体主要包括互联网企业、证券金融机构、党政军、教育医疗机构等，大部分主体对数据中心的价格敏感性相对较低，而对数据中心运维便利性要求较高。如何能够引导数据中心最终用户响应国家“东数西算”战略，将东部算力需求迁移到西部，这才是关键。但总体来看，目前能够出台的优惠性政策手段等相对有限，还需要探索实践和创新突破。

6.2.3　东部节点城市政府角色与经营策略

有序推进老旧数据中心提升改造。以浙江为例，浙江省老旧数据中心改造任务较重，建议由发改委牵头统筹组织老旧数据中心的改造工作，梳理评审形成改造整合淘汰数据中心清单，定期进行跟踪和评估，制定既有激励也有约束的政策，有效助推老旧数据中心的改造提升。

以数字化改革为契机加快数据中心管理服务数字化建设。数据中心统筹管控及专业服务离不开数字化手段的支持和赋能。目前数据中心管理及服务领域存在数据中心存量及新增信息靠手工上报、能耗监测非实时不精准、数据中心建设审批靠线下评审等问题，迫切需要建设数据中心一站式监测及服务平台，来推动数据中心领域的数字化改革。

探索东部节点城市数据中心绿色低碳路径。东部节点城市在气候资源、清洁能源供给等方面并不占优势，但也让东部节点城市数据中心企业更有决心去尝试新的绿色节能技术和设备，目前阿里巴巴仁和数据中心是全球规模最大的全浸没式液冷数据中心，PUE 低至 1.09 也印证了仁和液冷数据中心领先的能效及绿色节能水平。东部沿海地区都具有类似的气候条件特点，东部节点城市政府应鼓励更多的企业开展绿色节能示范项目实践，为全国输出适合东部气候特点的绿色节能数据中心样板。

改革探索数据中心多云调度实现路径。数据中心多云调度是在数据中心商业模式领域的一场创新革命，需要打破原有的完全市场化的数据中心建设运营模式。东部节点城市政府可以率先探索实践，找准试点应用的数据中心业务场景，鼓励区域数据中心龙头企业先行先试，探索形成可复制的多云调度运营模式。

加快数据中心产业链的强链补链。“东数西算”战略迎来了数据中心新一波建设高潮，这为数据中心产业链带来巨大的市场空间，同时这次数据中心建设高潮有自己典型的新特色，“绿色”“集约”“安全”，这为数据中心细分绿色产业链发展迎来绝佳机遇。东部节点城市政府应加强在绿色节能技术研发及制造领域的招商引资和政策扶持，利用关键窗口期实现产业链快速集聚和规模化发展。

探索跨区域协同发展的方式路径。国家发改委要求枢纽节点间建立点点结对方式推进“东数西算”的实践。东部节点城市可综合考虑贵州、宁夏、甘肃、内蒙古等地，与地方政府合作战略意向、经济合作历史、资源互补匹配、本土数据中心运营商在西部各地的资源分布等因素，确定1～2个重点合作节点，开展绿色能源合作及算力合作的探索，率先探索一条跨区域协同发展的路径。

6.3 西部节点城市政府角色及经营策略

6.3.1 “东数西算”战略对西部节点城市发展的影响

数据中心集群发展。“东数西算”战略给西部节点城市带来的最直接影响是节点城市数据中心的集群化发展。国家“东数西算”战略发布以来，除电信运营商纷纷响应到西部节点城市进行数据中心布局外，阿里、腾讯、华为、百度智能云等云服务龙头企业分别在张家口、成都、重庆、贵安、庆阳等地建设数据中心。据权威机构初步估算，十四五规划期末，西部四个节点数据中心标准机架能力将超过200万架。

城市能源产业发展。“东数西算”战略给西部节点城市带来的第二大影响是能源产业的加快发展。东部城市对西部城市的资源交换诉求之一就是可再生能源，“东数西算”战略的实施将加速东西部能源交换市场的成熟，快速增长的市场将带动西部节点城市作为能源输出地的相关产业发展。据了解，西部地区可再生能源资源占全国资源总量的70%以上。其中，风力资源占85%以上，太阳能资源占90%左右。西北地区消纳能力提升后，将有效带动新能源及配套设施的建设及投资需求。

城市产业结构优化。“东数西算”战略给西部节点城市最大的期望变化是能够带来城市产业结构的持续优化。大部分西部城市面临传统经济转型的瓶颈期，数字经济的发展相对乏力，整体经济缺乏动力。“东数西算”战略一方面为西部节点城市产业数字化带来新的发展契机，与云计算、大数据相关联的产业有希望在数据中心集群孵化带动下形成数据中心上下游产业链的延伸和发展；另一方面为西部节点城市传统产业数字化进程加速提供新的动力，为传统产业提质增效提供赋能手段。

城市文化氛围变化。“东数西算”战略给西部节点城市带来的影响还包括城市文化氛围的变化。整个城市的产业转型升级将带来就业人口结构的变化，让更多的年轻人、数字化人才能够留在西部或愿意来到西部，进而增强整个西部节点城市的人文活力和竞争力。

6.3.2　西部节点城市差异化资源禀赋分析

地理位置禀赋。西部地区拥有丰富的土地资源，气候、温度等地理自然环境适宜，对建设数据中心集群来说具有天然优势。以贵州为例，贵州常年气温保持在 14℃到 16℃，即便是最炎热的 7 月份，平均气温也只有 23.7℃，是服务器等设备运行最合适的温度，利用全自然风冷技术建设数据中心即可达到相对理想的 PUE 水平，而在东部为达到理想的 PUE 水平必须采用液冷技术，平均投资成本就要比传统投资高出 30%以上。除此之外，西部节点城市的平均用地成本等都要比东部城市低很多。

电力资源禀赋。西部地区拥有丰富的电力资源，主要包括几个方面原因：地势高，因此太阳能资源相对丰富；河流发源地，落差大，因此水能资源丰富；西部多东西走向山脉，对风阻挡作用小，因此风力资源丰富。西部地区可再生能源资源占全国资源总量的 70%以上，这为西部节点城市发展数据中心产业奠定了扎实的电力资源优势，整体上在用电成本以及绿电考核指标方面形成差异化优势。

产业资源禀赋。西部地区在产业分布上有自身的优势特点。第一种特色产业，是由自然资源带来的相关产业，如旅游业、畜牧业、种植业、矿产资源开发业、能源业等；第二种是因为地理区位或者人力成本等原因汇聚而成的产业，如装备制造业、军工业等；第三种是因为地方历史原因形成的产业，如宁夏的中医产业等。上述产业形成了城市与城市间的资源禀赋差异。

需求集聚禀赋。西部地区在需求用户偏好方面也有各自差异化的优势，从追根溯源的角度来看，仍和地理优势、电力优势、产业优势有密不可分的关系，是因为前三者带来的结果，形成了一定规模的用户偏好分布。以贵州为例，贵安新区已经汇聚了 7 个超大型数据中心，分别是移动、联通、电信、华为七星湖、华为高端园、腾讯、苹果,成为全球集聚超大型数据中心最多的地区之一。相比较用户偏好刚起步的地区而言，贵安新区无疑有更大的需求分布吸引优势。

6.3.3　西部节点城市差异化发展路径梳理

路径一：地理依赖。地理位置依赖是最直接但也是最容易复制的差异化发展路径，可以作为基础优势之一，但不能作为唯一的差异化优势。西部地区各节点城市因为地理位置及气候优势形成的差异化在节点城市间差异并不是特别大，若仅满足于此优势，对于资本市场、用户市场均不会形成可持续的吸引力和竞争力。

路径二：能源依赖。电力资源依赖也属于基础性差异化发展路径，可以作为叠加型差异化发展路径之一。西部地区各节点城市在电力资源方面都有一定的优势，但电力资源储备及产业结构有一定的差异。电力、水的资源的组合利用，将会带来数据中心产业的差异化发展，尤其是可再生资源配套领域的规模化、产业化发展将会给城市发展带来可持续的发展动力。

路径三：产业（需求）依赖。产业（需求）依赖是最可持续的差异化发展路径，一般的特色产业都是经过多年形成的产业发展基础，其他城市无法通过短时间学习进行复制。数据中心产业发展如能和本地产业特色进行融合发展，将带来地方的长期差异化发展路径。数据存储是与本地产业特色融合的切入点，数据处理、加工、交易是与本地产业相关联的关键环节。

路径四：综合依赖。综合依赖是指将地理依赖、能源依赖、产业依赖中的两个以上要素进行组合形成地方数据中心的差异化发展路径，是最持久也是最不可模仿的差异化发展路径。如何快速形成差异化发展路径，并进行迭代发展，形成综合依赖优势，是所有西部节点城市需要考虑并进行提前布局的战略性问题。

6.3.4 西部节点城市政府角色及经营策略

西部节点城市需抢抓时间窗口，加快形成与地方资源禀赋和产业特点相匹配的差异化发展路径，重点做好如下几个方面工作。

一是统筹组织精准招商合作。省市两级政府共同参与，科学分工，做好精准招商的统筹组织和实施工作。以差异化发展战略为指引，形成地方合作、产业招引的优先级目录，有侧重地开展地方政府战略合作、龙头企业战略招商与产业链企业精准招商工作。有针对性的政府合作战略框架协议、有竞争力的招商引资政策、有亲和力的地方营商环境等是精准招商战略合作的主要手段。

二是加快数据中心科学布局。以各地枢纽节点建设实施方案为基础，重点落实西部节点城市起步区数据中心布局规划工作。相比较东部节点城市，西部节点城市的新建数据中心占比更高，更有利于进行新技术、新标准、新模式的探索和创新。建议西部节点城市政府要加强数据中心事前的规划指导和管控审批、事中的过程管控和事后的监测评估。事前阶段，政府需统筹做好集群内数据中心的布局规划，对园区位置、数据中心建设定位、技术选型及设备标准、运维标准等进行统筹规划及要求，同时结合事前规划及要求进行统一的事前管控和审批；事中阶段，政府需统筹做好数据中心能效监测平台及调度平台，根据实际运行情况给予政策激励及处罚；事后阶段，政府需统筹做好数据中心评价，对表现不佳的数据中心提供商给予约束与惩罚，对表现优异的数据中心给予更多的政策支持倾斜。

三是有序推动产业集群发展。以数据中心产业集群为基础，加快数据中心上下游产业的培育和扶持，尽快形成与地方资源及产业相匹配的大数据产业集群。充分利用地方的电力产业基础，加快培育可再生能源产业链，并逐步形成本地的细分优势产业。加大地方特色产业的融合发展，逐步扩大地方特色产业的影响力，让特色产业的区域数据或者全国数据向本地数据中心汇聚，并以汇聚为基础逐步发展大数据延伸产业。加大龙头企业的招引，以龙头企业为纽带，撬动更多关联企业和产业到本地创业及孵化。

四是加强地方数字人才招培。一方面加强本地院校相关专业的校园学科培养和职业教育培养，增加本地大数据产业中高端人才的供给。另一方面加强外地成熟中高端人才的招引，通过具有竞争力的人才招引政策，吸引成熟数字化人才到地方就业、安家与发展。

6.4 非节点城市政府角色及经营策略

6.4.1 积蓄优势进入节点城市范围

针对尚未进入八大枢纽节点，但在地理位置、电力资源、产业基础等方面具有独特优势的节点城市，可根据国家枢纽节点建设要求进行申报前提前储备，挖掘自身的资源和产业优势，提前开展数据中心资源摸底及现状梳理，加强与运营商、数据中心龙头企业的战略合作，争取能够在第二轮节点扩容中进入试点范围。

6.4.2 找准定位寻求建设使用平衡

针对其他城市，一方面，需结合临近省份枢纽节点和所在省份数据中心布局规划等要求，明确自身城市数据中心建设定位，合理规划布局城市级数据中心的建设选点、数量及规模，以高标准高要求开展城市级数据中心建设，用以满足时延性要求较高的实时数据需求；另一方面，需统筹考虑与枢纽节点资源的功能定位区隔，非枢纽节点资源可用于满足非实时数据存储和算力需求。

“有一个很大的问题是在目前诸多限制条件下，上述很多做法很难实现，‘东数西算’很难实现真正突破，比如跨域合作，怎么真正推动起来，而不是偏形式化？在实施对接过程中又如何实现管理协同、利益共担等？这些都是很现实的问题，需要新的模式来解决。”政府E一连串提出了几个问题，脸上浮现出很大的疑惑。

“算力飞地或许可以解答你的疑惑。”咨询A看上去仍信心十足。

6.5 “算力飞地”模式分析及建设策略

6.5.1 “东数西算”落地困难和挑战

“东数西算”战略工程正式启动一年多来，地方政府、运营商、设备厂商等在资源建设、技术研发、产业发展、示范引领等方面抓紧布局并取得了显著进展，但也不得不承认，在推进过程中仍存在几个主要的困难和阻力，如果不能克服，可能会直接影响“东数西算”战略的全面落地。

第一，“东数西算”需求迁移未达预期。截至2023年2月，西部枢纽节点增量机架占全国新增过半，但需求相对疲软，部分西部枢纽节点上架率不足30%。还有数据显示，全国服务器CPU利用率也仅有10%左右，西部数据中心以冷数据存储为主，服务器低效的“空转”问题相对更突出。从数据来看，数据存储和计算的需求并未因为“东数西算”战略的提出实现大规模的主动迁移，近工作地点的需求特征仍未改变。

第二，“东数西算”多云调度未达预期。部分地区已启动多云调度平台示范项目，但从目前来看，多云调度平台仍以某一企业主导建设，可以理解成具备多云调度的能力，但缺少多云调度运转的动力机制。从各地枢纽节点数据中心经营主体分布看，仍以多主体建设为主，在东部省份的现状尤其如此，原本各经营主体是市场竞争的关系，某一企业主导建设的多云调度平台仅适用于一些政府干预的小场景，不适合大规模推广。

第三，“东数西算”资源交换未达预期。目前可再生能源发电参与跨省区市场交易的机制仍有待完善，绿电交易市场价格波动明显、跨省交易难、交易方式灵活性差等问题仍然存在，原本预期的东西部电力资源交换并未实现规模性突破。

第四，“东数西算”产业深度未达预期。“东数西算”战略启动后掀起了一波新基础设施建设的高潮，但大部分区域仍以传统数据中心集群建设及招商引资为主，因人才、产业配套等原因传统数据中心建设并不能真正带动以数据为核心的配套产业链的迁移和发展；东部地区智算等新需求的增长也尚未带动集群周边配套产业链的迁移和发展，数据产业和资源建设的关联性、集群式发展仍不显著。

前两者和企业动力直接相关，后两者和政府、企业动力均直接相关，如何真正激发地方政府和企业的动力是“东数西算”战略全面落地的关键。

6.5.2 “算力飞地”建设诉求分类分析

“飞地经济”发展已成为跨区域经济合作的重要形态，它打破了原有行政区划限制，通过规划、建设和税收分配等合作机制进行跨空间的行政管理和经济开发，实现两地资源共享、产业共建、经济共促、城市共治，主要场景包括工业飞地、农业飞地和科创飞地等，随着数智时代的到来，算力飞地是否可以解决“东数西算”战略落地中的资源不匹配问题，逐步进入大众的视野，部分区域已经提出“算力飞地”的概念和实施计划。

正常情况下，飞地模式需要有政府和企业两方的共同参与，仅仅单方的参与很难形成可持续发展的态势。无论是东部枢纽节点城市、西部枢纽节点城市还是非枢纽节点城市，均存在或多或少的资源交换需求，东部政府更看重可再生电力资源的供给及数字经济的持续增长，东部企业更看重数据要素的供给及产品市场的提供；西部政府更看重算力资源的输出、产业及人才的输入，西部企业更看重算力资源的销售及配套产业的形成，具体诉求见表 6-1。

表 6-1　不同城市间政府、企业要素交换需求

	政府侧	企业侧	需求迫切度
东部枢纽节点城市	能耗输入 产业输出	数据输入 产品输出 算力输入	***
西部枢纽节点城市	算力输出 土地输出 产业输入 人才输入	人才输入 算力输出 产业输入	*****
非枢纽节点城市	政策输入 资源输出	算力输入 产业输出	****

结合上述需求，根据飞地地理位置不同，潜在的飞地场景可以大致分为三类。

第一类，在算力、电力资源集中的西部节点城市，东部及其他非枢纽节点城市可在上述资源所在园区进行“算力飞地”设置。对于飞出地城市政府而言，某种程度上是数字经济产业流出，除非进行数字经济产值交换、电力资源交换或者算力资源交换，对飞出地政府而言就不足以形成吸引力，对于飞出地城市企业而言，是该种场景下的主要决定因素，必须对企业有足够的吸引力，可以是一家企业，也可以是组团企业，相比较而言，飞入地城市的数据资源、政府数字化转型市场准入及政府采购资源比更优惠的算力资源价格更有吸引力。而对于飞入地政府而言，可以在算力资源认购的基础上，获得数字经济配套产业引入的延展效益，这也是飞入地政府最为需要的。这种“飞地模式”成功的关键是飞出地政府和企业在某种程度上实现共赢，进而帮助飞入地政府实现自身的诉求。

第二类，在产业资源集中的东部城市、非枢纽节点城市，西部节点城市进行“算力飞地”设置。对于飞出地城市政府而言，需要进行人力、产业资源的精准招商，将本地区无法形成能力的产业落地到其他地区，要落地形成规模，还必须得到飞入地政府的支持和飞入地企业的加盟。对于飞入地政府而言，主要是数字经济产值增加以及部分电力资源交换；对于飞入地企业而言，更优惠的异地算力及市场资源提供是主要的吸引力。这种“飞地模式”成功的关键是两地企业找到利益共同点，形成要素交换的条件，最终实现政府和企业的共赢。此种场景比较适合于人工智能、大数据等相关硬件及软件产业的飞出地培育。

第三类，在科技资源集中的东部城市、非枢纽节点城市，西部节点城市进行“算力飞地”设置。对于飞出地城市政府而言，更多的进行人才、科研资源的精准培养和投入，这种模式飞入地政府一般也均持支持的态度，对于飞入地企业或者高校而言，更优惠的异地算力资源、异地数据资源、异地课题资源等是主要的吸引力。这种“飞地模式”成果的关键在于稀缺的资源相互交换，此种场景的利益冲突较少，相对容易成功。

6.5.3 “算力飞地”建设模式及策略建议

结合上述需求分析，“算力飞地”可以分为资源型“算力飞地”、产业型“算力飞地”、科技型“算力飞地”。针对不同类型飞地，政府是推动算力飞地可持续运营的关键，是动力轮运转的能量来源，总体上来看，无论是飞入地还是飞出地，西部政府均是出政策的主要一方，另一方政府是出政策的次要一方。

政策供给建议。针对不同类型的“算力飞地”，西部政府需因地制宜，制定差异化的政策，具体建议见表 6-2。在企业政策方面，可以结合入驻企业时间顺序、企业影响力、产业规模等设计不同等级的优惠政策，鼓励龙头企业率先入驻，逐步形成飞地的规模效益。

表 6-2　西部政府政策供给建议

	给政府的政策供给建议	给企业的政策供给建议
资源型“算力飞地”	1. 优惠的政府灾备资源服务 2. 更高优先级、更高政府补贴的电力资源交易 3. 产业孵化的两地产值分成	1. 优惠的土地、园区配套租金（自建型） 2. 更优惠的算力资源服务（购买服务型） 3. 在数据要素及政府数字化转型市场的战略合作

（续）

	给政府的政策供给建议	给企业的政策供给建议
产业型“算力飞地”	更高优先级、更高政府补贴的电力资源交易	1. 更优惠的异地算力资源服务 2. 在数据要素及政府数字化转型市场的战略合作 3. 优惠的园区配套租金
科技型“算力飞地”		

同时，针对不同类型的“算力飞地”，东部政府及非枢纽节点政府也需制定配套的政策，与西部政府资源互换，并鼓励更多的企业参与到飞地建设中，具体建议见表 6-3。

表 6-3　东部及非枢纽节点政府政策供给建议

	给政府的政策供给建议	给企业的政策供给建议
资源型“算力飞地”	1. 更高优先级或唯一的政府灾备合作 2. 在示范项目上的联合建设 3. 在数据要素及政府数字化转型市场的战略合作	1.同比的能耗资源审批配比 2.在示范项目上的优先推荐名额
产业型“算力飞地”	跨区域调度平台的联建	暂无
科技型“算力飞地”		

平台建设建议。“算力飞地”建设涉及异地算力资源的使用，多云调度平台是异地算力资源的保证，建议算力飞地涉及的双方政府联合建设多云调度平台，或者在现有平台上增加异地算力资源使用的功能。除此之外，数据要素应用等也需考虑专有平台的支持。

“算力飞地”仍属于探索中的事物，在政府及企业介入模式方面仍需根据实践经验不断进行优化总结，可在全国范围内先进行局部的先试先行，在局部地区探索实践后再进行更大范围的推广和实践。“东数西算”战略落地正处于攻坚阶段，需加大国家层面的试点鼓励，让“算力飞地”成为“东数西算”战略工程从量变走向质变的关键手段。

6.6　地方政府算力竞争力提升策略

以 ChatGPT 为代表的 AI 技术正在全球范围内蓬勃兴起，已经成为新一轮科技革命和产业变革的重要驱动力量，正在对经济发展、社会进步、国际政治经济格局等方面产生重大而深远的影响，从“数字时代”不知不觉迈进“数智时代”已是大势所趋，计算力就是生产力成为全球的共识，地方政府算力的竞争力也成为城市竞争力的重要组成部分，如何提升自身算力的竞争力水平成为各地政府关注的重点。

6.6.1 算力竞争力内涵理解

中国信息通信研究院在2022中国算力大会上正式发布《中国综合算力指数》，提出综合算力是集算力、存力、运力于一体的新型生产力，提出算力是以算力规模为核心，包含绿色低碳水平、经济效益和供需情况在内的综合能力。中国移动董事长杨杰在接受《证券日报》采访时提出，要从顶层设计、技术创新、产业推进、应用孵化、配套政策等五个方面持续发展、系统推进算力建设，进一步提升我国在算力领域的综合竞争力。关于算力竞争力的衡量维度，无对错之分，是从不同的视角解剖算力竞争力的构成，本节从政府管理过程的视角去重新定义算力竞争力，作者认为：地方算力竞争力由政府对算力的统筹规划能力、资源调度能力、技术引领能力、产业应用能力组成，上述四个方面的管理能力共同决定地方的算力建设中长期水平。

6.6.2 地方算力发展过程中存在的问题

近年来各地对算力的重视程度有显著提升，但总体来看，政府对算力的管理能力仍有较大的提升空间，主要表现在如下几个方面。

一是地方政府对算力的统筹规划能力有待加强。部分省份和城市对全域的算力能力建设做出统筹规划，如上海发布《新型数据中心“算力浦江”行动计划（2022—2024年)》，对算力供给、算力发展、算力网络、算力赋能等方面提出明确的发展目标和重点任务，但大部分省份仍停留在原有数据中心规模及布局的规划，对于先进算力布局、算力网络提升等方面的考虑相对较少，因为分管部门等原因，在算力建设、算力产业发展、算力网络建设等方面处于孤立管理的状况，省级横向部门的协同、省市县纵向协同相对较少，尚未形成“全省一盘棋”、算力统筹考虑的局面。

二是地方政府对算力的资源调度能力有待加强。无论是一个主体内部的数据中心，还是不同主体之间的数据中心，虽存在数据中心利用率的高低差异，但绝大部分数据中心均以独立运营的方式存在，较少存在算力资源的相互调用情况。传输网络不是数据中心间互联互通的阻力，阻力主要来源于市场竞争、收入归属等方面。据统计，大部分省份和城市，尚未形成算力资源的在线纳管、在线审批、在线监测和管理，更不用说建立城市层面的算力调度平台，大部分地方算力调度平台是以龙头企业牵头的多云调度平台模式，通过市场化方式，满足用户多云接入的需求。

三是地方政府对算力的技术引领能力有待加强。随着“东数西算”战略的逐步落实，各地政府开始加强在新增数据中心PUE水平及存量数据中心淘汰整合改造PUE水平项目的监督和管理，但在实际过程中，因为尚未实现全部纳管，且未实现省级统筹审批，大部分城市尚未将地方的算力利用效率以及企业侧算力利用效率纳入审批环节的主要考核因素，同时算力利用效率也没有和后续申请算力建设申请、算力电费结算等进行有效关联，一定程度上影响政府对算力绿色发展水平的管控能力。同时在先进算力布局上，大部分城市仍处于探索发展阶段，对智算规模及质效、智算互联互通等并未形成明确的目标和管控手段，政府对先进算力发展的管控能力也明显偏弱。

四是地方政府对算力的产业应用能力有待加强。算力的产业应用表现在两个方面：算力对各行各业的全面赋能和算力的产业化落地。目前各地的算力以传统算力即数据中心为主，对地方经济的赋能作用不太显著；先进算力和各行各业发展的关系更为紧密，但目前尚未形成规模。“东数西算”战略工程希望能够通过数据中心建设带动西部地区数字经济的发展，也希望能够给东部地区带来新的增长动力，但政府对算力产业化发展的扶持政策还相对有限，算力对地方经济带动的乘数效应尚未发挥出来。

6.6.3　地方算力竞争力提升优秀实践对标

在政府算力建设“有所为”中，北京、上海、浙江、成都等地开展了一些探索和实践，对外省市算力竞争力提升具有借鉴意义。

算力统筹规划。上海 2022 年 6 月率先发布《新型数据中心“算力浦江”行动计划（2022—2024 年）》对算力布局、算力网络、算力应用、算力产业等提出统筹规划，出台《上海市推进算力资源统一调度指导意见》，指导全市算力资源统筹调度。

算力资源调度。2023 年 2 月，上海上线 “上海市人工智能公共算力服务平台”，通过对通用算力、智能算力、超算算力等多元异构算力的集聚调度，支持上海市算力资源高效、开放、有序调度使用。2023 年 3 月，北京发布“北京算力互联互通验证平台”，建立通用算力、智算和超算一体化的全域算力调度网络，实现算力跨区域互联互通。

算力技术引领。2022 年初，浙江省率先发布数据中心节能降碳行动计划，明确淘汰一批、整合一批、改造一批的整改目标，以季度为单位定期进行存量数据中心整改进度，目前已完成大部分的淘汰整合目标，改造计划正在有序推进中。

算力产业应用。成都市推出全国首个算力产业专项扶持政策，面向中小微企业、科研机构等发放“算力券”，用以低成本使用国家超算成都中心、成都智算中心的算力资源，推动智算、超算普惠化以支撑中小微企业上云用数赋智；上海积极探索“AI 算力券”“智评券”等创新业务模式，其中“AI 算力券”重点支持租用市智能算力且用于核心算法创新、模型研发的企业，最高按合同费用20%进行支付。

6.6.4 地方算力竞争力提升对策建议

加强地方政府的算力统筹规划能力。建议由省级主管部门牵头地市协同开展算力领域的顶层设计，对算力结构、算网融合、技术应用、产业落地等进行系统规划和部署，将责任分解落实到相关部门，并与部门及地市考核相关联，统一认识，明确方向，形成合力，推动地方算力竞争力的稳步提升。有条件的省份可成立算力领导小组和专班，专项负责推进算力相关重大工程的建设和落地。

加强地方政府的算力资源调度能力。建立全省唯一的算力资源纳管、审批、监督及服务体系，实现全省算力资源的实时监管。鼓励企业内部算力调度平台建设，提升一个企业主体内部算力资源的利用水平。组织开展企业间的算力调度试点，构建政府参与的多云调度平台，实现在政务、中小企业上云普惠、教育科研计算普惠、“东数西算”等典型场景的创新应用，创新互联互通运营机制，推动局部领域的互联互通和无障碍调度。针对处于发展初期的智算、超算中心建设，鼓励减少参与主体，探索推进全省统筹的智算、超算资源调度平台建设。

加强地方政府的算力技术引领能力。开展存量数据中心优化行动，改造升级效益不显著、设备设施落后的“老旧”数据中心。鼓励中小型低效数据中心集约化改造，降低数据中心PUE平均值，提高能源利用效率和算力供给能力，实现数据中心向集约化、绿色化的可持续发展模式转变。鼓励新建数据中心在先进制冷技术、先进存储技术、可清洁能源应用技术、余热回收技术中的应用。有序推动智算中心、超算中心的科学布局和建设，建立与区域数字经济发展相匹配的先进算力服务体系。

加强地方政府的算力产业应用能力。面向中小微企业、科研机构等发放“算力券”，用以低成本使用算力资源，推动智算、超算普惠化以支撑各行各业用数赋智。创新探索推出算力共享、算力错峰等新业务模式降低公共算力成本，实现普惠包容算力。加大对算力产业链建设的扶持力度，结合本地产业特点，围绕智能芯片、芯片使能软件、算法框架、应用使能软件、管理软件、算法工具和AI服务器等算力关键领域加强优势产业的布局和集群配套建设。

“感谢翔实而新奇的分享，算力飞地的提法让人印象深刻，希望后续可以就此进一步探讨。”政府E非常兴奋。“算力飞地有很多想象空间，我们后面计划再组织专题研讨。各位专家，今天的分享基本上接近尾声，在最后，我这边再就未来的新形态数据中心提些初步的思考，也为下次的研讨做个铺垫。”咨询A开始做收尾总结。

第 7 章 新形态数据中心经营之道

经营好边缘和海外这两类新形态数据中心很有可能让我国的数据中心产业在未来 2～3 年里、在压力环境下找到新出口。

7.1 如何经营边缘数据中心

7.1.1 边缘数据中心商用评估

边缘计算与 5G 天然孪生协同，伴随新基建下 5G 的加速商用，边缘计算亦从试验、试点走向试商用，业内纷纷发布边缘计算的最佳实践等白皮书和基于边缘计算的各类解决方案，让我们得以窥见边缘计算的落地已进入关键窗口期。

正如基站是 5G 标准化后落地的最后一步，AI 基础设施是 AI 算法成熟后落地的关键组成，在边缘计算的商用过程中，边缘数据中心（简称边缘 DC）将同样发挥着非常重要的作用，因此边缘 DC 产品化成为政府及市场供需两侧关注的热点问题。具体而言，政府方面，新基建政策下如何规划部署边缘 DC？边缘数据中心供应商和服务商方面，边缘 DC 产品化市场前景如何？如何建设运营边缘 DC，抢占边缘数据中心蓝海市场有利位置？政企客户如何利用市场多样化的边缘 DC 产品快速满足自身需求？这些诉求可以归纳成几点问题：边缘 DC 产品化有无前景？如何运作？如何切入？带着这些疑问，作者及其团队从边缘 DC 产品化市场前景剖析开篇，与各位一同探索边缘 DC 产品化进程，尝试推动边缘 DC 产品化从理论研究到实践探索。针对边缘DC产品化前景，从边缘数据中心的必要性出发，推导出边缘数据中心的清晰定义，在此背景下推演测算边缘数据中心的市场价值，验证边缘数据中心产品化的可行性，为边缘数据中心产品化后续研究奠定基础。

1. 边缘数据中心的必要性

从技术发展必要性来看，笔者在《边缘计算的颠覆式创新影响》一文中曾提到边缘计算技术的发展将推动网络架构、算力模式和业务模式变革。首先，数据的自下而上将推动自上而下的骨干网变革，形成“云边端”三级城域网架构；二是边缘计算将真正推动形成分布式协同计算的算力模式；最后边缘计算将带动原有业务模式的升级和新的业务模式诞生[一]，这些业务场景不断落地，有赖于作为基础设施的边缘数据中心。

具体来看场景的落地需求，GSMA（全球移动通信系统协会）在全球不断兴起的边缘计算生态和我国领先的5G、物联网部署的背景下，断言中国边缘计算生态具备全球领先的基础，并确定了我国对边缘计算需求最多的十大场景[二]以及其对作为基础设施的边缘DC布局位置的具体需求（见图7-1）。可以看到，在2021年到2022年初具商用规模的边缘场景以游戏、交通、安全监控为主，其双向业务时延要求在20ms左右，以县区级边缘DC为主要承载，随着场景的不断深入，时延要求越来越高，边缘DC的布局位置需求也不断向接入级和现场级演进。

	边缘计算十大典型场景	时延要求(ms)	带宽要求(Mbit/s)	布局位置需求
2023年~2025年	自动驾驶汽车（4级和5级）	1	>50	接入级DC
	远程驾驶（遥控）	1-10	300	接入级DC
	柔性制造	1	1-10	现场级DC
初具商用规模	远程手术指导	10	50	接入级DC
	现场工业机器人	1	1-10	现场级DC
	联网车辆	<10	10	接入级DC
	智慧园区	10	1024	现场级DC
2021年~2022年	安全、治安和监视	20	10	县区级DC
	交通管理	20	10	县区级DC
	游戏和电竞	20	1024	县区级DC

图7-1 国内边缘计算落地场景及边缘DC部署需求

数据来源：GSMA。

由此可见，部署位置是边缘数据中心的重要变量，那除此之外，边缘数据中心还具备哪些特征？边缘数据中心就是DC小型化吗？笔者将从覆盖范围、机房规模、关键技术等维度

[一] 华信咨询设计研究院，唐汝林，陈琪，等. 边缘计算的颠覆式创新影响[J]. 通信企业管理，2020(4)。

[二] GSMA. 5G时代的边缘计算：中国的技术和市场发展。

出发，解读边缘数据中心内涵，为测算边缘数据中心产品市场价值夯实基础。

2．边缘数据中心的定义

如前所述，边缘计算最适用的场景往往要求超低时延（双向业务时延 20ms 以内），因此要求边缘数据中心的覆盖范围在 100km 以内，这也就是前面所提到的县区级边缘 DC，称之为浅边缘。与之相反，在近客户侧，满足双向业务时延要求在 10ms 以内，覆盖范围在 30km 以内的接入级或现场级边缘 DC，称为深边缘。

从部署规模来看，边缘数据中心虽然不等同于 DC 小型化，但由于边缘数据中心主要处理边端高并发的数据及其实时计算、实时分析的需求，属于分布式计算的关键基础设施，与承载传统云计算中心的大型超算云数据中心不同，其部署位置往往更加靠近用户，因此部署空间相对较小，且在总体部署规模上的广泛分布需要也对边缘数据中心提出了高密计算、适应恶劣环境的高可靠性、自动化运维等新要求，因此单个边缘数据中心往往规模偏小、功率要求高。根据国外领先的边缘 DC 服务厂商及运营商的部署经验来看，边缘数据中心的部署 IT 容量往往在 2000kW 以内，且以 6～20kW 的高功率机柜为主，折合机架数在 300 个以内。与此同时，可依据边缘数据中心部署的实际规模大小将其划分为微型、小型及中型边缘 DC，其中微型边缘数据中心 IT 容量在 600 kW 以下，小型边缘数据中心 IT 容量在 600～1000kW 之间，中型边缘 DC 的 IT 容量在 1000～2000kW。根据华信市场经验，国内的边缘数据中心 IT 容量往往更高，折合机架数在 500 个以内。边缘数据中心规模及其分类如图 7-2 所示。

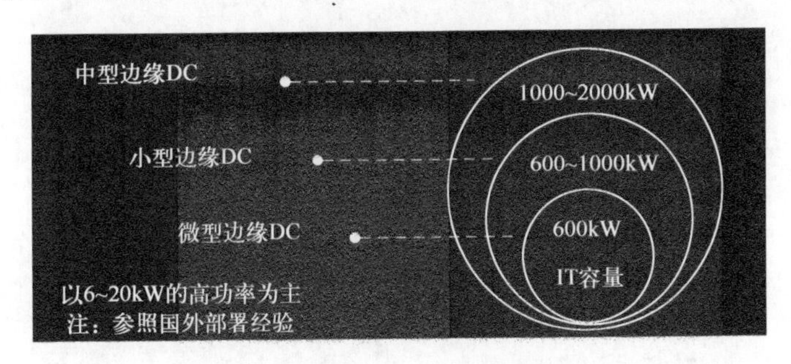

图 7-2 边缘数据中心规模及其分类

数据来源：国外部署案例分析、中国通服数字基建产业研究院绘制。

从关键技术来看，边缘数据中心需要具备异构计算、智能计算、高安全高可靠以及分布式架构等关键特征。伴随视频等传统业务模式的变革以及自动驾驶等新业务应用的兴起，边缘落地场景越来越多样化，带来数据的多样性及计算任务的多样性，多种类型的边缘硬件设备在边端广泛应用，迫切需要具备异构计算能力的边缘基础设施来满足边缘业务对多样性的需求。与此同时，受限于机房空间小、环境恶劣等因素，边缘数据中心对高密、高性能的要求成为必然，利用 AI 技术赋能边缘侧显得尤为重要，同时边缘数据中心借助 AI 技术更好地提供高级数据分析、场景感知、实时决策、自组织与协同等智能化服务[㊀]，也使得无人值守、自动化运维等成为可能。

由此，可以将国内边缘数据中心定义为在近用户的 100km 内网络边缘侧，规模小于 500 个、以 6～20kW 的高功率为主的智能化、分布式、高可靠、异构计算的新型基础设施。在此背景下，边缘数据中心的市场价值如何，成为众多参与方决定是否推动其产品化的重要前提，也是作者力求探知一二的方向。

3. 边缘 DC 产品的市场价值

政策方面来看，国家及多省市明确提出边缘数据中心布局规划和要求（见图 7-3），其中国家层面的政策聚焦加快边缘数据中心技术场景研究及规范制定，而省市层面政策则往往以立足新基建、大力规划边缘数据中心建设为主，如上海、山东等地纷纷明确规划未来 2～3 年的边缘 DC 建设数量。

	政策/规范	发布时间/主体	重点内容
国家层面 加快边缘数据中心技术场景研究及规范制定	《边缘数据中心产业发展简析及应用场景白皮书解读》	2018年10月 ODCC开放数据中心峰会	• 推动边缘数据中心架构方案、接口技术、访问控制、安全可靠等技术规范研究及数据中心评估测试等标准制定
	《“新基建”发展白皮书》	2020年3月 信通院	• “新基建”建设目标包括：到2025年，建成一定数量的大型、超大型数据中心和边缘数据中心
	《“工业互联网+安全生产”行动计划(2021—2023年)》	2020年10月 工业和信息化部	• 推进边缘云和5G+边缘计算能力建设，下沉计算能力，实现精准预测，智能预警和超前预警
省市层面 借势新基建，大力规划边缘数据中心建设	《山东省人民政府办公厅关于山东省数字基础设施建设的指导意见》	2020年3月 山东省政府	• 到2020年年底，全省建设50个以上边缘计算资源池节点，到2022年年底，全省边缘计算资源池节点数达到200个以上
	《上海市推进新型基础设施建设行动方案(2020—2022年)》	2020年5月 上海市政府	• 合理考虑边缘计算建设标准和布局，2018年的行动方案中提出计划三年内打造30个边缘节点
	北京市加快新型基础设施建设行动方案(2020—2022年)	2020年6月 北京市政府	• 研究制定边缘计算数据中心建设规范，加快形成技术超前、规模适度的边缘计算节点布局 • 探索推进氢燃料电池、液体冷却等绿色先进技术在特定边缘数据中心试点应用
	深圳市人民政府关于加快推进新型基础设施建设的实施意见(2020—2025年)	2020年7月 深圳市人民政府	• 分布布局PUE值小于1.25的适用于低时延类业务和边缘计算类业务的中小型数据中心。推进存算一体的边缘计算资源池建设
	《浙江省新型基础设施建设三年行动计划(2020—2022年)》	2020年7月 浙江省人民政府办公厅	• 数据量大、时延要求高的应用场景集中区域部署边缘计算设施

图 7-3　边缘数据中心相关政策梳理

数据来源：各政府官网、中国通服数字基建产业研究院政策解读。

㊀ ECCI.边缘计算 IT 基础设施白皮书 1.0（2019）。

市场侧来看，边缘基础设施的顶层应用不断落地，产业链推动边缘 DC 产品化市场逐渐形成。具体来看，以云计算巨头、IT 巨头、CDN 巨头、运营商及边缘计算服务商为代表的产业链上层应用玩家不断推陈出新，落地边缘计算平台等产品应用，倒逼以边缘 IDC 服务商为代表的产业链中层设施玩家和设备供应商为代表的产业链下游企业加快推进边缘数据中心部署。

总的来说，政策与市场协同，催生边缘 DC 产品的广阔市场空间。据 Global Market Insights 预测，全球边缘数据中心规模将从 2017 年的 40 亿美元增至 2024 年的 130 亿美元，而根据希捷和 Gartner 预测，2025 年中国数据总量将达到 486ZB，由边缘计算处理的数据将超 75%，届时国内落到边缘数据容量为 365ZB，按照单机柜边缘带宽和边缘机房单体规模（平均按 100 个机柜）的经验值，到 2025 年累计需要至少 4 万～5 万个边缘机房。

综上所述，本节从边缘计算技术发展和场景落地两个维度概述了边缘数据中心诞生的必要性，并以落地场景为延伸，从覆盖范围、机房规模、关键技术等维度定义了边缘数据中心，为边缘数据中心的产品化确立统一的理论基础，同时基于政策与市场导向剖析出边缘数据中心市场正在成为全球瞩目的新蓝海，应加速推动边缘数据中心产品化以尽早抢占市场。

7.1.2　边缘数据中心运营策略

未来受海量边缘数据处理诉求驱动，作为业务承载底座的边缘数据中心前景广阔。据 Gartner 预测，到 2025 年，发生在边缘的数据生成和处理量将超 75%，同时据 Global Market Insights 最新研究，到 2026 年，边缘数据中心市场的年度估值将超过 200 亿美元。

面对未来如此庞大的边缘数据中心市场，并且随着边缘计算潜在的巨大商业价值日益凸显，国外专业服务商和领先运营商纷纷在边缘 DC 领域大展拳脚，而我国数据中心服务商由于市场初开、缺乏经验，摸索路径也不明晰，在边缘数据中心资源的快速部署、产品和服务的创新发展、以及运营推广方面仍较迟滞。下面通过选取国外几家专业服务商和领先运营商进行对比分析，深入探究其在边缘 DC 资源布局、产品发展和运营推广方面的优秀做法，为国内边缘 DC 经营提供借鉴参考。

1. 国外专业服务商边缘 DC 发展经验

基于国外专业服务商在边缘数据中心领域深耕的时间、对边缘相关产品和服务的投资力度，选取了 EdgeConneX 和 Vapor IO 这两家热门的边缘计算初创公司，以探究其边缘数据中心发展的实践经验。

（1）EdgeConneX

EdgeConneX 成立于 2009 年，作为领先的技术驱动型全球数据中心服务商，率先推出了边缘数据中心概念，可提供面向边缘的专有数据中心解决方案，具有在全球范围内快速构建和运营数据中心的专业实力。

在资源布局上，采取分层次差异化部署策略满足多场景需求。其中，中型边缘数据中心多租赁市区建筑改造，自 2013 年底以来在北美、南美、欧洲、亚洲（印度）这四大洲的 30 多个城市建立的 50 多个中型边缘数据中心，选址基本位于市中心 20km 以内；而小边缘单元模块化则部署在较远的中小城市，已部署 3000 个边缘单元和网络接入点（PoP）。以此为工业制造、自动驾驶、智慧城市、互联网内容本地化（CDN）、公有云本地访问节点（企业云 SaaS 办公应用，虚拟桌面、在线协作）等多场景提供分层次差异化服务。

在产品发展上，注重以自身资源优势与专业边缘云服务提供商捆绑合作。例如，EdgeConneX 依托其遍布全球的边缘数据中心资源，与全球领先的边缘云服务提供商 Zenlayer 合作，借助 Zenlayer 的边缘云服务（包括按需部署裸机云、云间网络直连、应用程序加速和托管服务等），为企业提供边缘云和网络解决方案，减少企业客户在延迟、性能、安全性和成本等方面的主要用云障碍。

在运营推广上，一是不断采取合资并购的手段扩展资源部署，例如，与印度基础设施企业 Adani Enterprises 以 50:50 股份比例成立合资公司 AdaniConneX，抢占印度边缘数据中心市场；与 EQT Infrastructure 并购，借助 EQT 的财务实力、数字基础设施专业知识和战略重点加速扩张。二是针对性制定了长租赁实现更低价格的营销策略，针对 EdgeConneX 边缘数据中心服务以订单化生产为主，具备定制化、高成本、高价值的特点，为客户提供了长租赁享有更低价格的商业服务，设定一般初始租赁期限为 7～15 年，价格约为 1000～1500 元/（kW·月），一方面提高了客户满意度，另一方面也使客户黏性得以增强，较好地实现了客户保有。三是注重以运维自动化降低经营成本，通过打造专有的 EdgeOS 数据中心运营管理系统，使其数据中心的网络实现全自动化，从而降低了人工操作失误的风险，也大幅压降了其边缘 DC 的运营成本。

（2）Vapor IO

Vapor IO 是一家总部位于美国奥斯汀的数据中心技术初创公司，结合边缘交换、边缘托管和边缘网络，提供了业界第一个真正在边缘侧部署的全国性网络。

在资源布局上，以呈环形部署的小规模多点边缘 DC 满足超低时延应用。Vapor IO 计划两年内在美国拥有 70～100 个边缘数据中心，并将这些数据中心成环排列，相邻两个间距约

10～20km，通过以小规模多点边缘DC为大城市提供高阶边缘服务，满足分布式AI（自动驾驶、物联网机器人）、企业视频会议、数字广告、增强现实等超低时延应用需求。

在产品发展上，注重边缘服务平台的自主研发。Vapor IO自主研发了Kinetic Edge边缘解决方案的全球平台，将多租户托管与基于SDN的互联高速网络相结合，为无线运营商、云提供商、大型互联网公司和其他创新型企业提供灵活的、高度分布式的边缘基础架构（涵盖边缘托管、边缘交换和边缘网络服务），以支撑5G等下一代应用程序。

在运营推广上，一是采取公开融资、合作拓展等多方式扩大其影响力，如其在C轮融资中筹集了9000万美元用于构建和部署“全国性”边缘计算网络；与大型公司Digital Realty合作推出边缘平台，借助互联网引入私有网络和公共对等网络，以支撑应用程序的边缘需求。二是实施按需定价的营销策略，Vapor IO与裸机云计算服务商Packet合作，采用即付即用、按需定价的商业模式为边缘位置客户提供支持5G的基础架构，接入该服务的客户可以按小时付费以访问网络，也可以根据长期需求获得折扣。三是通过部分预制模块化实现高效运维，Vapor IO专门设计推出了适用于边缘部署空间的圆柱形机架，并整合合作伙伴BasX Solutions（数据中心冷却的全球领先机构之一）的模块化技术，共同推出了针对微型数据中心的新型冷却系统以及高效散热的创新设计，使得其边缘数据中心无须配备现场工作人员，运行可靠且易于维护。Vapor IO专为边缘数据中心设计的圆柱形机架如图7-4所示。

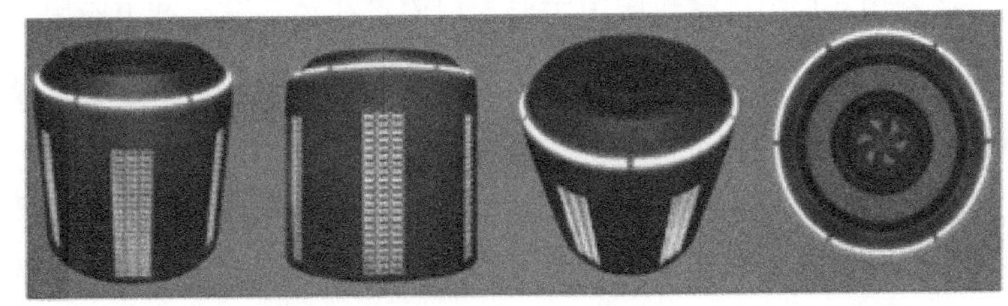

图7-4 Vapor IO专为边缘数据中心设计的圆柱形机架

数据来源：企业官网。

2. 国外领先运营商边缘DC发展经验

国外领先运营商积极部署边缘云基础设施，为引入5G MEC商业应用服务做好准备。在美国，AT&T将成千上万个中心局点转换为数据中心，并在帕洛阿尔托建立边缘计算测试区域，与第三方开发者和初创公司合作，测试包括自动驾驶、AR/VR和无人机在内的用例；在德国，德国电信DT积极布局边缘数据中心，以满足其4G及5G移动多人游戏延迟需求；在韩国，SK 电信和 KT 都在部署区域边缘数据中心，计划瞄准 B2B 和 B2C 市场等。

下面基于国外运营商的全球市值排名及边缘数据中心发展经验，选取美国巨无霸型电信运营商 AT&T 和欧洲第一大运营商德国电信（DT）进行标杆研究。

（1）美国运营商 AT&T

在资源布局上，AT&T 注重对现有通信中心机房的改造。即通过对现有的本地网 CO（Central Office）机房重构推进边缘 DC 建设，2017 年以来，AT&T 宣布重构 65000 个基站和 5000 个中心机房为边缘数据中心，用 GPU 芯片、通用硬件设备和软件代替传统基站和接入网设备，全面走向边缘计算时代，并开放接口激发新一轮创新，以抢占未来自动驾驶、AR/VR 和工业 4.0 等低时延、高可靠 5G 网络应用市场。

在产品发展上，以自身网络优势寻求与云商合作。例如，与 Google Cloud 合作，将 AT&T 的 5G、边缘网络优势与 Google Cloud 的人工智能、机器学习、数据分析等技术相结合，共同为企业提供 5G 边缘计算解决方案等。

在运营推广上，以生态合作拓展为主。在 AT&T 公布的 2020 年边缘计算发展策略中，提出将与云服务商等生态系统中关键合作伙伴共同推进边缘技术、边缘产品和服务创新发展，如与微软合作探究全新的网络边缘计算（NEC）技术发展，推进 5G 边缘计算服务。

（2）德国电信

在资源布局上，聚焦国内主要人口密集和经济发达城市应用需求。德国电信在柏林、汉堡、法兰克福和慕尼黑这四个城市建立了边缘数据中心，以助推 4G/5G 移动多人游戏、自动驾驶、工厂自动化和现代物流等低延迟应用发展。

在产品发展上，充分发挥子公司专业领域优势开展合作。例如，其子公司 T-Systems 应用领先的智能边缘软件提供商 Wind River Cloud Platform 边缘云基础设施软件建构其安全、高性能边缘计算平台 EdgAIR，为企业设施中的物联网应用程序提供低延迟的计算服务；子公司 MobiledgeX 和硅谷汽车技术与 V2X 通信技术公司 Savari 合作推出基于 C-V2X、C-V2G 的车联网解决方案，共同支撑汽车 OEM 厂商、车队管理部门及移动出行服务合作伙伴的安全和移动出行 V2X 应用场景，并允许电动汽车与电网通信（V2G）等。

在运营推广上，德国电信主要采取战略投资、合作拓展方式提升其边缘计算产品及服务能力。例如，早在 2018 年，德国电信便投资创建了边缘计算公司 MobiledgeX，旨在帮助全球电信运营商提供跨运营商的边缘计算服务和能力；随后与韩国运营商 SK Telecom 达成协议，双方将在移动边缘计算领域开展联合项目。

3. 总结与借鉴

前文主要从资源布局、产品发展、运营推广三个维度入手，对于国外专业服务商 EdgeConneX、Vapor IO 和国外领先运营商 AT&T、德国电信在边缘 DC 领域的发展经验进行了详细阐述，见表 7-1。

表 7-1 国外专业服务商与领先运营商边缘 DC 发展经验梳理

	国外专业服务商		国外领先运营商	
	EdgeConneX	Vapor IO	AT&T	德国电信
面向场景	● 工业制造、自动驾驶、智慧城市、互联网内容本地化（CDN）、公有云本地访问节点（企业云 SaaS 办公应用，虚拟桌面、在线协作）等	● 分布式 AI（自动驾驶、物联网机器人）、企业视频会议、数字广告、增强现实等	● 自动驾驶、AR/VR、无人机、工业 4.0 等	● 4G/5G 移动多人游戏、自动驾驶、工厂自动化和现代物流等等
资源布局	● 分层次差异化部署：在四大洲 30 多个城市中的 50 多个中型边缘数据中心，布局在距离市中心 20 公里以内；3000 个边缘 POP 等小边缘单元模块化，部署在较远的中小城市	● 呈环形部署小规模多点边缘 DC：计划两年内在美国拥有 70 至 100 个边缘数据中心，并将这些数据中心成环排列，相邻两个间距约 10～20km	● 注重对现有通信中心机房的改造：通过 CO 机房重构推进边缘 DC 建设，重构 65000 个基站和 5000 个中心机房为边缘数据中心	● 聚焦国内主要人口密集和经济发达城市应用需求：在德国柏林、汉堡、法兰克福和慕尼黑这四个城市建立了边缘数据中心
产品发展	● 注重以自身资源优势与专业边缘云服务提供商捆绑合作：与全球领先的边缘云服务提供商 Zenlayer 合作，为企业提供边缘云和网络解决方案	● 注重边缘服务平台的自主研发：自主研发 Kinetic Edge 边缘解决方案全球平台	● 以自身网络优势寻求与云商合作：与 Google Cloud 合作提供 5G 边缘计算解决方案等	● 充分发挥子公司专业领域优势开展合作：子公司 T-Systems 推出 EdgAIR 低延迟边缘计算平台；子公司 MobiledgeX 引入基于 C-V2X、C-V2G 的车联网解决方案
运营推广	● 拓展方式：合资并购 ● 商业模式：长租赁享有更低价格 ● 运维手段：打造专有的 EdgeOS 数据中心运营管理系统，实现运维自动化	● 拓展方式：公开融资、合作拓展 ● 商业模式：按需定价 ● 运维手段：部分预制模块化实现高效运维	● 拓展方式：生态合作	● 拓展方式：战略投资、合作拓展

数据来源：各企业官网、中国通服数字基建产业研究院收集。

由表 7-1 可以看出，5G 时代，国外专业服务商及领先运营商均瞄准了边缘计算发展带来的工业制造、自动驾驶、AR/VR、游戏等高价值应用场景。

1）在资源布局上：国外专业服务商面向不同应用场景开展边缘数据中心的分层次差异化部署或呈环形排列，国外领先运营商 AT&T 注重发挥其传统通信机房资源优势，以 CO 重构快速抢占边缘数据中心布局。

2）在产品发展上：国外专业服务商及领先运营商更多注重以自身资源、网络、专业领域等优势，寻求与其他云服务商合作提供边缘云产品、服务及解决方案等。

3）在运营推广上：国外专业服务商及领先运营商的拓展手段均较灵活，具有合资并购、公开融资、战略投资、合作拓展等多种方式。同时，国外专业服务商注重结合自身产品和服务的特性，制定独特的商业模式，如 EdgeConneX 针对所提供的边缘数据中心服务以订单化生产为主，具备定制化、高成本、高价值的特点，为客户提供了长租赁享有更低价格的商业服务；Vapor IO 针对提供的小规模多点边缘 DC，为满足边缘位置客户灵活接入需求，制定了即付即用、按需定价的商业模式。此外，国外专业服务商崇尚运维自动化以实现运行可靠、成本降低。

综上所述，我国 IDC 专业服务商、运营商等在发展边缘数据中心时，可在结合自身特点的基础上，充分借鉴国外专业服务商及领先运营商在边缘 DC 资源布局、产品发展以及运营推广方面的优秀做法，以快速抢占边缘数据中心蓝海市场。

7.1.3 边缘数据中心建设模式

前面介绍了边缘数据中心的产品化前景和运营策略，但对于如何建设边缘数据中心仍然缺乏足够的了解，而这恰恰是边缘数据中心落地的关键。相对于大数据中心，边缘数据中心的自身特性及服务市场环境对供应链能力提出了更大挑战，一方面边缘数据中心数量众多、个体差异大、分布区域广，导致建设环境复杂多样；另一方面当前产业还不够成熟，可总结的实践经验少、相关的研究开展不多。如当前，运营商在借助现有大量节点机房改造建设边缘数据中心的过程中周期长、耗费大，改造质量参差不齐，对方案的性价比诉求很强；又比如电网在以边缘数据中心为核心的多站融合建设中，由于涉及模块多，对一体化定制化方案兴趣较大。因此，高性价比、高定制、快速交付等要素已成为边缘数据中心建设的重要考量，而建设模式的选择研究至关重要。

1. 建设模式分类

从建设模式来看，边缘数据中心当前主要分为传统工程模式和模块化模式两种。这两种模式目前都有各自的生存空间。例如，政企客户更倾向于传统工程模式，主要原因在于与传统工程模式相比，模块化模式在客户认知度、高效定制化、供应链掌控力等方面存在痛点；但在某些场景下，政企客户又会考虑选择模块化模式，比如当金融分支业务要求快速上线、当学校业务系统上线要求尽量减小对教学的干扰时。故弄清两类模式的特性与适用场景是建设模式选择的关键一环。下面将以模块化模式分析为切入点，通过典型厂商的实践研究对两类模式做对比分析，梳理出各类因素，搭建出选择模型，并以此进一步针对这两类模式下的两类厂商提出相应的发展建议。

2. 模块化模式分析

通过市场分析和调研，我们发现目前国内市场提供边缘数据中心模块化方案的厂家阵容已初具规模，典型有华为、施耐德、科华恒盛、腾讯等企业，其中以华为、施耐德为首，对外应用案例较多。

（1）华为模块化方案

华为模块化方案目前相对较成熟，在全球多个国家大量落地。从华为的众多实践中可以发现，在一定程度上，华为具备面向需求规模和行业属性的双重定制能力，一方面针对不同需求体量，从边缘分支机构和垂直行业单点应用场景、海量边缘网点机房到中小型数据机房，都能够针对性提供 FusionCube 系列的一体柜、FusionModule 系列不同规格的组合柜、单排柜和双排柜；另一方面，针对不同行业的差异化诉求，如面向互联网、运营商及数据中心第三方服务商、政府类单位、金融及媒体类、能源开采及军工这五类客群，分别提供高性价比弹性管理方案，以弹性扩容、低成本和便捷运维为特色的综合要求型方案，以高效绿色、便捷运维为特色的样板工程型方案，以高可靠、创新技术、便捷运维为特色的高科技型方案，以环境耐抗性、移动性为特色的高可靠型方案。

进一步选取金融/媒体、政府/教育、能源开采及军工三类客群做深入对比分析。

① 金融/媒体客群：主要采用模块化边缘数据中心满足分支信息化、快速上线业务等需求，使用的边缘机房规模往往较大，对液冷、锂电池等新型节能技术采纳度较高，对机房标准和设施先进性要求很高，一般要求国标 A 级，关键设备采用进口大品牌设备；此外，考虑到业务需求弹性，还要求机房具有高扩展能力。

② 政府/教育客群：主要采用模块化边缘数据中心满足办公室内数据中心部署等需求，使用的边缘机房规模往往较小，对绿色节能和便捷运维要求较高，此外，考虑到政府形象，一般还有定制化 LOGO 喷涂等需求。

③ 能源开采及军工客群：主要采用模块化边缘数据中心满足现场生产信息化需求，这类客户相对于前两类，使用场景更为特殊，往往处于极端环境下，且对移动性有较高要求，因此更多采用移动式集装箱，一般规模较小，要求对极端环境耐抗性较强。

华为模块化方案的场景应用分析见表 7-2。

表 7-2　华为模块化方案的场景应用分析

客	需求场景	需求特性及建设形式
金融/媒体	分支信息化、快速上线业务	高科技型：规模相对较大、创新技术采纳积极、高标准高可靠高扩展 建设形式：预制微模块
政府/教育	办公室内数据中心部署	样板型：较小规模、绿色节能、便捷运维、定制化喷涂 建设形式：预制微模块
能源开采及军工	现场生产信息化需求	高可靠型：小规模可移动、极端环境耐抗性 小型集装箱

数据来源：华为案例研究。

（2）施耐德模块化方案

相对于华为，施耐德也强调面向不同场景的定制化能力，但在模块化方案设计上会更多考虑融合传统工程设计优势。具体分为三类方案。

① 部分预制化数据中心：通过预制化功能模块和传统现场施工系统融合，能够更好地适用于 DC 改造下的定制化需求，并且能够便捷扩容。

② 全预制化数据中心：电源、制冷、IT 各司其职，分别定制，分区清晰，能够实现高度可拓展性，更适用于较大型的边缘数据中心和大数据中心。

③ 微型数据中心：工厂预装的单体柜，提供安全一体的计算环境，并且现场可移动，能够满足实时小型算力需求。

施耐德模块化方案的场景应用分析如图 7-5 所示。

3. 建设模式选择

基于上述分析，并结合更多供应链调研和华信自身经验，华信认为影响建设模式选择的因素主要有以下六大因素：建设规模、交付周期、资源扩展性、定制化水平、环境适应性、综合成本，这六大因素构建的选择模型如图 7-6 所示。

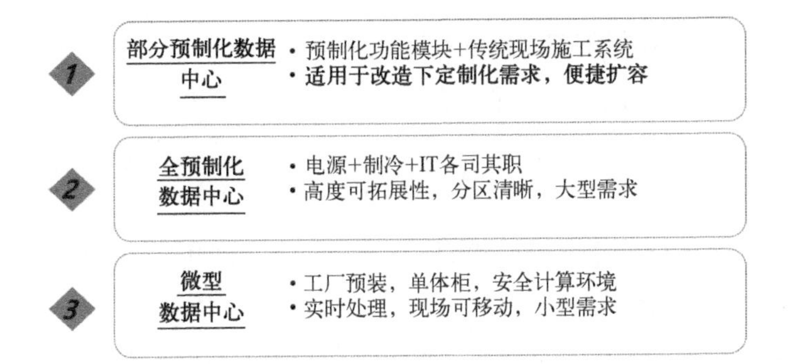

图7–5　施耐德模块化方案的场景应用分析

数据来源：施耐德官网。

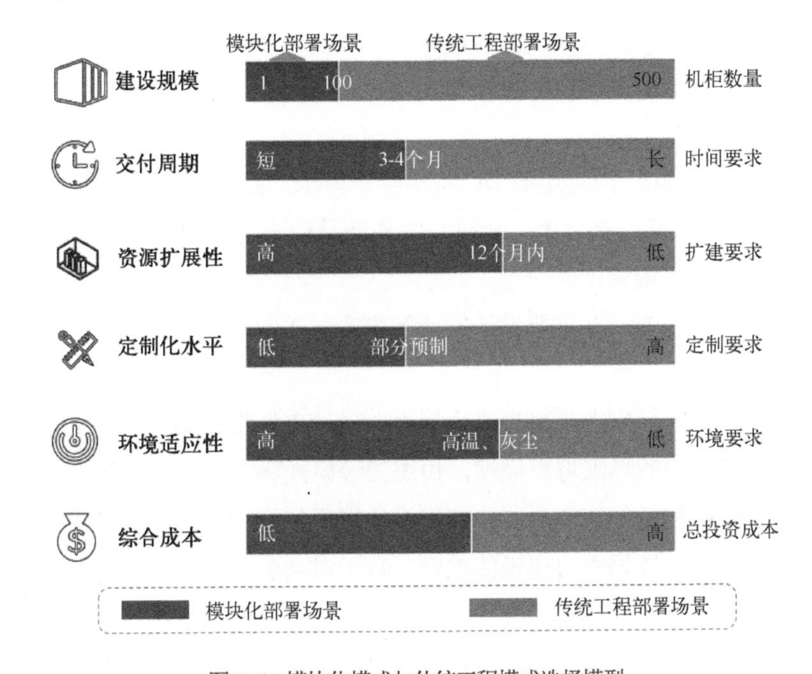

图7–6　模块化模式与传统工程模式选择模型

数据来源：中国通服数字基建产业研究院绘制。

注：单论配套成本，预置模块化要高于工程建设20%左右。

通过模型可知，模块化模式在面向更小规模、更短周期要求、高扩展性、高环境适应性的边缘数据中心建设上存在优势，而传统工程在满足更大规模、更高定制化的需求方面更胜一筹。尤其需要注意的是，就成本而言，包含土地、建设等在内的综合成本上，虽然模块化模式更低，但单论配套成本，目前模块化模式并不具备优势，反而由于技术相对不够成熟、体量规模性不足，要高于传统模式。

借助模型分析，既能指导不同客群针对不同场景更合理地选择建设模式，也为提供两类模式服务的工程厂商的未来发展指明了方向。

4. 对两类厂商的建议

对模块化方案厂商而言，需要加快弥补定制化和成本管控能力短板，以实现更高的市场占有率。建议采取以下路径。

① 加快产品标准化：牵头建立和推行模块化行业统一标准，提升产品成熟度。

② 提升方案性价比：打造硬件数字化“中台”，创新关键技术降本增效。

③ 实现制造敏捷化：多场景方案模板设计，建立小批量多品种供应机制。

对传统工程厂商而言，需要进一步强化核心优势，发挥所长。基于大数据中心建设既有优势，以工程设计为抓手，借助更广泛的生态整合能力，打造高性价比、高竞争门槛的总包方案。建议采取以下路径。

① 平移传统工程模式：筛选边缘 DC 特定场景需求，打磨工程设计和总包方案。

② 灵活聚合生态价值：整合大厂家核心组件产品能力、低成本模块化方案；与中小厂家联合建立外围组件供应资源池。

③ 构筑技术+业务壁垒：在重要设计领域率先尝试微创新，快速形成一定专利壁垒；叠加优势行业业务平台能力。

笔者认为两类模式及玩家在未来边缘数据中心建设市场将长期共存，但随着技术和市场逐步成熟，两类模式之间的界限将更模糊，传统工程模式将会融入模块化技术，模块化模式也会更好地整合传统工程的优势，最终能够规模化提供组合方案的厂家将占据更有利地位。

本节主要解答了边缘数据中心建设的难题。基于对当前建设痛点的剖析，通过建设模式分类、建设模式分析、建设模式选择模型设计及发展建议输出等模块内容，不仅为多类终端客户的边缘数据中心建设模式选择提供了指引，更对主流供应商的未来能力发展给出了顶层规划，助力他们在争夺新蓝海市场上更加迅捷。

7.2 如何经营海外数据中心

“在欧美及亚太 IDC 市场逐渐饱和，增速放缓的背景下，中东、非洲和拉美等新兴市场快速发展逐渐引起外资企业的关注。国际市场调研机构 Arizton 预测，2021-2026 全球数据中心平均年复合增长率为 4.5%，而中东、非洲、拉美地区的年复合增长率分别为 7%、15%、

7.6%，明显高于全球平均水平。”咨询 A 接着说。“尤其中东有着优越的地理位置以及丰富的石油资源，经济相对发达，具备较好的推动数字化转型的经济基础。”

通信 B 接话道：“那么外资企业应该如何顺利进入中东 IDC 市场呢？可能不会那么简单，我有一些经验可以先分享一下。”通信 B 认为先选取典型市场——中东沙特阿拉伯（以下简称沙特）为例，然后以工程服务商进入的视角进行针对性的经营路径分析，相对而言，可能更聚焦、分析预期效果更好。

7.2.1　中东 IDC 市场环境分析（中东沙特为例）

沙特作为中东地区数字经济发展的领先国家，数据中心发展潜力和空间较大。沙特经济地位突出，体量位居中东首位、世界 20 大经济体前列。沙特推出“2030 愿景”后，不断完善营商环境吸引投资、加速发展多元化经济，经济改革、转型取得了巨大成就。2022 年，沙特国内生产总值（GDP）增长率为 8.7%，位列 G20 首位，其数字经济的发展是其经济高速增长的关键力量之一。因此本节以沙特为代表，尝试分析中东 IDC 市场环境。

1．政策环境——稳定政局下聚焦经济转型

在全球数字经济加快发展的背景下，数字经济成为中东各国政府推动经济多元化的重要抓手，中东各国政府相继出台一系列相关政策。2016 年 4 月，沙特政府出台《2030 愿景》，提出以数字化为抓手推动政府行政效率提升，并加快电商、智慧城市等数字经济的发展。除此之外，埃及《2030 愿景》（2016）、巴林《云优先政策》（2017）、科威特《2035 愿景》（2017）、阿联酋《2031 人工智能发展战略》（2019）等均把数字政府、智慧城市等经济数字化转型作为国家未来发展的重要战略方向。

2．技术环境——C 端主驱动下 B 端逐渐成熟

中东 C 端互联网有望进入发展高峰期，加上 B 端互联网的不断成长，未来 IDC 需求增长可期。截至 2022 年底，沙特 FTTH 网络覆盖了 370 万户家庭，5G 网络人口覆盖率超过 90%。在应用上，互联网服务人口覆盖率达到 99%，移动互联网人均消费流量超过 1200MB/日。政策驱动下，沙特 5G 快速发展，固网渗透率加快提升，产业互联网开始兴起，并且由于中东企业信息化水平较低，提升空间大，云计算、物联网等技术的普及应用、产业转型政策的支持，均将加快沙特的产业信息化进程。来自沙特通信、空间和技术委员会（CST）的数据显示，2022 年沙特 ICT 市场规模达到 410.7 亿美元，实现中东和北非地区最大增量和最快增速；

过去六年，沙特对数字基础设施投资额高达 248 亿美元。

3．经济环境——改革初显成效下数字经济崛起

2021 年 8 月，沙特宣布了总价值 40 亿里亚尔（10.7 亿美元）的数字经济发展计划，以数字化为抓手推动政府行政效率提升，并加快电商、智慧城市等数字经济的发展，沙特将与全球十大行业巨头合作实现 2030 愿景目标。2020 年 11 月底，在沙特的倡议下，沙特、巴林、约旦、科威特和巴基斯坦 5 国宣布成立“数字合作组织”，该组织旨在加速数字经济增长。埃及政府也于 2020—2021 财年拨款 127 亿埃镑用于推动数字化转型，同时启动“数字埃及”计划。

随着中东经济多元化改革持续推进，成效初显，投资环境良好，税制简单，不断吸引外商投资 ICT 等领域。在 ICT 产业的驱动下，中东数字经济市场高速发展，以沙特为例，根据权威数据，2022 年沙特数字经济增速达 7%，或排名全球第 17 位，相较于 2021 年 5.6%的增速和全球第 20 位的排名，均有显著提升。

4．产业环境——产业开放度较高服务商纷纷加码

整体看，中东 IDC 产业链开放度较高，随着各国智慧城市建设加速，服务商纷纷加大投资力度，上游建设咨询市场门槛不高，服务主体多元化；中游服务市场，政府支持开发工业用地，国际云服务商加快布局；下游需求市场，在沙特 2030 愿景下，各行业数字化需求稳增带动对 IDC 需求的增长。中东数据中心产业链如图 7-7 所示。

① 产业链上游

在产业面整体不断向好的趋势下，数据中心产业链上游厂商也加大了在中东市场的布局。以 WSP、SBM、思科为代表的设计咨询行业在中东多地都设有办事处，提供基础设施建设咨询服务，中东咨询市场具有较高的开放度且以国际服务商为主；而建设施工行业能很好地聚合本地企业，且用人成本较低，进入壁垒低，以 IINT'LTEC Group、中国通信服务、中国能建为代表的施工行业纷纷加大了在中东市场的布局。以建设施工以及咨询为主的建设供应商市场趋向开放，服务主体逐渐多元化，产业链上游市场表现出一番欣欣向荣的发展态势。据普华永道在全国 13 个城市同时发布的《中国投资者在中东地区投资信心观察报告》[㊀]显示，沙特和阿联酋仍是未来 3～5 年投资中东的主要目的地，以 74%的比例遥遥领先，中资企业在科威特、阿曼、巴林等地也在不断加大布局。

㊀《中国投资者在中东地区投资信心观察报告》。

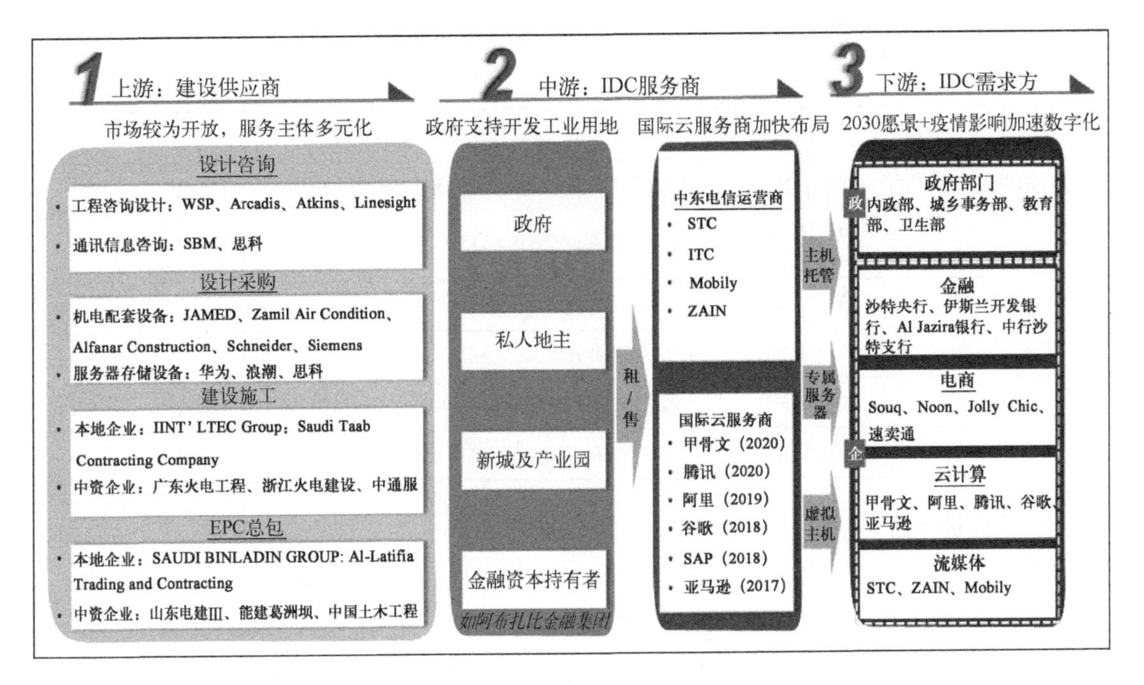

图 7-7　中东数据中心产业链图谱

数据来源：中国通服数字基建产业研究院。

② 产业链中游

中东数字经济在各国政府高度重视之下发展迅猛，以主机托管服务和云服务为核心需求的 IDC 市场蓬勃发展。研究机构 Mordor Intelligence 的报告指出，2023 年到 2028 年，沙特云计算市场的年复合增长率将为 17.01%。预计到 2028 年，沙特云计算市场规模将达到 75.8 亿美金。国际主流云商也嗅到了商机并加快了布局中东市场的步伐，中东数据中心产业潜力十足。2023 年 2 月，ZOOM、微软、甲骨文、华为纷纷宣布在沙特投资建造云数据中心，助推沙特各行各业的数字化转型。例如，2021 年，腾讯在巴林设立了中东北非区域的首个云端运算数据中心。2022 年，阿里巴巴与沙特电信集团（STC）、eWTP Arabia for Technical Innovation Ltd 等公司合作，成立了专门从事云计算服务和解决方案的公司。AWS 在巴林引入中东北非地区首个超大规模数据中心，并于 2022 年上半年在阿联酋设立基础设施区域。从数据中心部署情况看，沙特成为部署中东数据中心的热点地区，巴林、阿联酋等地也在不断追赶，将形成“一超多强”的良好局面。国际主流云商在中东市场的布局动向见表 7-3。

表 7-3 国际主流云商在中东市场的布局动向

云商	时间	主要动向
阿里云	2016 年 11 月	在阿联酋迪拜启动中东地区第一个数据中心
Oracle	2019 年 2 月 2020 年 2 月	分别启动在阿联酋阿布扎比（2019）和沙特吉达（2020）的数据中心
微软	2019 年 6 月	在阿联酋开放两个分别在迪拜和阿布扎比的数据中心，提供 Azure 的云服务
亚马逊	2019 年 7 月	宣布在巴林开放 3 个可用区，向中东企业提供云服务
谷歌	2020 年 3 月	开放其在卡塔尔多哈的数据中心，正式进军中东云服务市场
腾讯云	2021 年 3 月	宣布计划在年底前在巴林启动首个互联网数据中心的计划

③ 产业链下游

新冠疫情短期冲击中东 IDC 需求，长期加速地区数字化进程。疫情之下非接触经济兴起，许多企业工作形态开始转移到线上，**加速释放政府、金融、电商、云计算等部门对数字化转型的需求**。具体来看，**政府部门**在智慧城市、园区和娱乐城建设方面需求猛增，而受疫情影响，远程教育、医疗平台等行业的需求也在持续走高。而金融科技行业在各国共同努力下，逐渐展现出强势发展势头，**金融行业**未来在数字银行、移动支付、区块链等领域将会有较大需求。除了传统行业，**互联网行业**在电商、云计算以及流媒体等领域的需求也在进一步被激发。2020—2026 年中东地区 IDC 市场增长情况预测如图 7-8 所示。

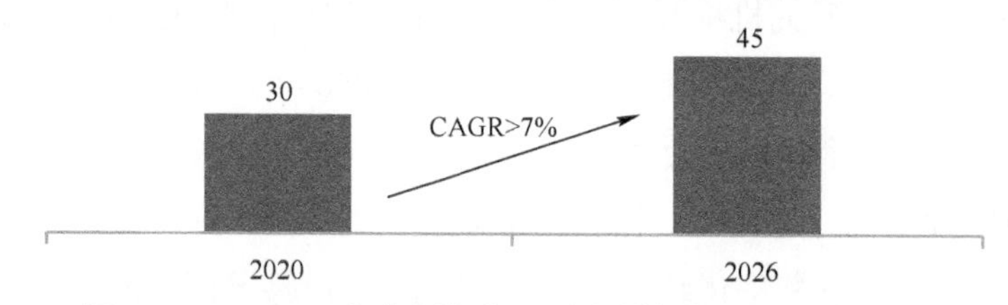

图 7-8 2020—2026 年中东地区 IDC 市场增长情况预测（亿美元）

以沙特为例，沙特 2020 年电商市场份额在海湾地区占比已达 42%，成为地区头号电商大国，疫情以来沙特社交媒体、家庭游戏、视频点播的需求增长率分别超过 73%、240%和 41%。沙特数据中心下游用户画像如图 7-9 所示（图中列出了总占比 80%的主要需求部门，其他占比 20%的部门不具典型性，未在图中体现）。

“沙特政府推动地区数字化转型为数字经济发展创造了良好的环境，智慧城市的大规模建设、云商加快布局以及电子商务市场需求的不断扩增，都表明沙特 IDC 市场在未来五年都有望持续增长。”咨询 A 说。“但针对国内服务商来说，可能需要更多参考一些成功进入的实际案例。”

通信 B 回应：“近些年来不少外资企业通过 SWOT 分析，结合实际情况采用不同的策略，逐步打开了中东市场，接下来就让我们看几个成功的案例吧。”

IDC主要需求部门及需求动向

□ “2030愿景” 加速释放政府、金融、电商、云计算等部门市场需求

行业	部门	头部客户	需求动向
传统行业 40%	政府 15%	沙特通信和技术部 内政部、城乡事务部、教育部、卫生部※	智慧城市、园区和娱乐城建设：红海新城、奇地亚等园区和娱乐城建设本身负有ICT指标 远程教育：疫情以来沙特远程教育需求增长率提高1000% 医疗平台：疫情以来沙特医疗平台需求增长率提高177%
	金融 10%	沙特央行、AlJazira银行※、中国银行沙特支行	数字银行：Arab Net调查显示,76%的银行客户具有使用数字平台需求 数字支付：2019年数字支付交易金额超过2870亿里亚尔，比2018年增长24%；2019年数字支付比例达到36.2%，远超央行2020年 28%的目标
互联网 60%	电商 20%	Souq、Noon、Jolly Chic、速卖通	市场份额：沙特2020年电商市场份额在海湾地区占比将提高至42%，成为地区头号电商大国 市场前景：根据沙特统计总局2019年ICT调查,沙特网购人群仅占网民总数的30.17%
	云计算 25%	谷歌、亚马逊 阿里、腾讯	根据Gartner预测，2020年沙特公共云服务收入将增长21%
	流媒体 10%	STC、ZAIN、Mobily	疫情以来沙特社交媒体、家庭游戏、视频点播的需求增长率分别超过73%、240%和41%

※ 发展趋势扫描

沙特IDC市场呈爆发式增长态势，智慧城市、电商、云计算等成主要需求领域

智慧城市

➢提出《智慧城市发展倡议》，2030年打造NOEM等10座智慧城市

现代金融

➢提出“2030金融部门发展计划”，2030年数字支付达到70%的目标

电子商务

➢ 预计沙特电商市场在2024前保持3.0%的复合增长率，到2024年市场规模为19.09亿美元

云计算

➢ 根据2019年《全球联接指数白皮书》，2022年沙特云计算将增长25%

流媒体

➢ 2030年，沙特将投资约10亿美元打造打造数字媒体生态系统

图 7-9　沙特数据中心下游用户画像

数据来源：中国通服数字基建产业研究院。

7.2.2　中东 IDC 市场进入策略分析（工程服务商视角）

1. 典型标杆策略分析

外资公司通过对企业自身优劣势、外部威胁及机会进行分析，针对不同的业务领域结合实际情况采取不同的发展策略。市场新进入者在中东 IDC 市场发展策略分析见表 7-4。

表 7-4　市场新进入者在中东 IDC 市场发展策略分析

内部优势与劣势 / 外部机遇与威胁	S ● 品牌及业绩优势 ● 产品及服务领先 ● 资金等财务状况良好	W ● 产品及服务缺乏核心优势 ● 本地化运营服务经验欠缺 ● 拓展渠道及生态合作未建立
O ● 外资营商环境良好 ● 政策技术适配性高 ● 市场潜力十足	优势业务在沙特进一步提升市场份额或拓展关联业务（SO） ● 组建产业同盟，加强技术创新，提高在沙特的市场地位 ● 提高企业进入沙特市场的战略目标，发展产业关联业务	培育或集成核心能力后伺机切入沙特市场（WO） ● 不断提升技术研发能力，提升核心竞争力 ● 招聘本地技术人员顾问并建立 IDC 技术论坛等对话、宣传机制
T ● 新市场技术、资质要求不一 ● 本地竞争对手强势 ● 地缘安全形势严峻	优势能力在沙特市场平移复制面临投资环境不明的威胁（ST） ● 核心业务以低价等牺牲方式切入产业链，快速渗透市场 ● 收购本地企业，强化本地化服务经验	本地优势组织强捆绑合作或风险规避逐步退出（WT） ● 加强与银行/本地龙头联合，建立银企/企业联营体机制 ● 以风险规避为主，降低项目投资规模及进度，逐步退出市场

作为国际知名工程咨询设计公司的 WSP，基于自身优势及外部投资环境不明的威胁先采用“ST”策略，通过电力设计咨询分包切入。2011 年起为中东沙特电力提供工程建设咨询服务以及于 2014 年收购了位于沙特的能源服务经验丰富的柏城集团。本地化服务经验不断丰富后，逐渐转入“SO”策略，推进与中东基础工业公司合作，为后者提供设计、工程施工、管理、环境评估等一体化服务，拓展关联业务并不断提升优势业务在中东市场的份额。

IBM 考虑到自身劣势以及为规避风险，首先采用“WT”策略，于 1983 年和 SBM（皇室背景）达成 PC 经销合作协议，签约本地 PC 经销代理，并与 SBM 形成企业联营体，SBM 为 IBM 提供本地设计及施工服务，IBM 为 SBM 提供 ICT 方案咨询能力，提高了优势业务在中东市场的份额。后来 IBM 逐渐转向“SO”策略，2012 年，依托 IBM 在 IDC 领域的服务方案以及 SBM 的设计施工能力的成熟，SBM 开始布局数据中心领域，拓展提供数据中心一体化服务。

“这些案例确实具有一定的启发性，能否结合国内玩家进入再展开说说？”咨询 A 再次抛出问题。“那我们还是参照 SWOT 分析，针对某一国内 EPC（总包）厂商，具体看看沙特市场的发展策略吧。”咨询 A 说。

2．对外资企业进入的启示——以国内 EPC 厂商出海为例

① 发展策略分析

从内部优劣势看，某国内 EPC 厂商具有较强的 IDC 一体化服务能力和海外服务经验，但欠缺本地化运营经验，本地化服务能力还有待提升。从外部环境看，中东市场经济多元化改革成效渐显，当地数据中心的发展具有充足的成长动力，加上中东与中国长期以来的友好关系，为中企投资中东营造了良好的环境。中东本地设计能力总体来说也还比较弱，因此，未来专业需求缺口较大。但由于中东相关法律、规范和标准和国内不一致，本地部分竞争对手也相对强势，中美贸易摩擦风险，中东存在地缘政治波动风险，这些都给国内 EPC（总包）厂商的进入带来了一定的威胁。

结合典型标杆成功出海经验以及自身情况，对于某国内 EPC（总包）厂商来说，应重点关注中东与国内不一致的行业规则以及中东本地强势的竞争对手带来的外部威胁，借鉴标杆企业两步走战略。首先，采取“ST”策略，以合作伙伴项目分包切入工程设计咨询市场，进而加快项目经验的积累，落实本土化经营策略，实现优势能力在中东市场的平移复制。后转入“SO”策略，通过聚合伙伴，完善一体化服务能力，拓展数据中心总包、网安、城市/园区规划等潜在机遇点，进一步提升优势业务在中东的市场份额并拓展关联业务。

② 进入建议分析

第一步，确定具体的发展定位及路径。以设计服务为切入点，以被集成的形式进入，与多个中国出海玩家强捆绑，成为优势分包合作伙伴，实现设计能力的本地化落地，力争成为中东最专业的设计服务商。再以点带线，以被集成的形式进入，优先拓展设计+施工半包/采购半包，与本地设备、系统供应商建立紧密联系，建立稳定合作，以设计品牌为踏板，延伸提供施工/采购等服务，扩展市场份额。最后再以线带面，通过商机捕获与客情维系能力，低价获取大项目，并联合当地顶层咨询、建筑施工企业，高效获取商机，通过免费或低价获得政府规划机会，并以此延伸拓展相关 IDC 需求，借助大事件、持续营销加快宣传融入，打造某一区域的 EPC（总包）品牌服务影响力，逐步辐射中东区域。

第二步，落实具体的运营策略。通过细分客群，实施定制化拓展策略，最大程度借力平台的资金、品牌、渠道等，联合一切可联合的有效力量。针对本地总包企业，以设计分包（含咨询）为主，延伸设计+施工半包/采购半包，优先联合本地中资企业，并积极聚合本地其他的企业。针对本地运营商和其他中小型运营商，以 EPC 总包（含咨询）为主，达成与运营商的规划合作，然后联动拓展 EPC 或类 EPC，而面向思科、SBM 等合作伙伴时，以设计施工能力为踏板，并通过整合平台施工服务能力，构建互补方案，最后通过捆绑网络设备商、低价争取大项目，建立本地品牌宣传渠道，提升标杆影响力。最后，针对政府、金融、电商、云计算等为主的本地政企客户，以 EPC 总包（含咨询）为主，协同国内运营商，与中资企业达成战略合作协议，提供 DICT 整体解决方案，并贴近政府，为政府提供顶层规划等服务，再联合巨头，打造标杆。

“不光是沙特，中东各国政府推动地区数字化转型为中东数字经济发展带来了重要机遇。随着部分中资企业在沙特市场的成功实践，中东这个市场未来将会是很大的一块‘蛋糕’，像阿联酋的迪拜等也是需要重点关注的。”通信 B 望着窗外的风景若有所思地总结。

“是的，中东 IDC 未来大有可为。”在场的各位专家纷纷表示赞同。

“各位专家，感谢大家的全情参与和积极贡献，今天的研讨会很成功，绝对称得上是一场思维与实践交融的盛会，通过大量数据和案例分析，通过整合各方主体的经营智慧，通过回溯历史和展望未来，我们在 3 个小时左右的时间里高效地形成诸多产出。”咨询 A 将大家的思绪拉了回来。

“最后，我建议每人一句话，作为最大的收获感悟，结束今天的研讨。我先来起个头：经过 20 年发展，数据中心从传统数字设施单一属性向叠加数字科技、数字能源等复合新属性方向加速演变，产业发展开始进入新的阶段。”咨询 A 总结。

“数据中心集群化是大势所趋，以数据驱动为核的 IIDI 模型测算是精准布局的有效手段。”通信 B 接着说。

“低碳化建设我感受比较深，双碳是百年大计，数据中心低碳发展将越来越重要、越来越紧迫，我们需要重点关注液冷技术演进以及新能源的融合应用。”三方 C 对低碳尤其感兴趣。

“数据中心向算力化演进，打造一体化、平台化、智能化的产品服务矩阵成为数据中心业务发展的下一个价值高地和竞争“撒手锏”，不过需要耐心，当然对国内服务商而言，尤其是新进入的跨界方，将会是一个相对漫长的过程。”跨界 D 深有感触。

“如果对这个行业做个定性判断，我想说：未来 5～10 年内，数据中心行业都将是充满挑战的成长性行业。一方面，国家数字基建战略不会轻易动摇，另一方面“东数西算”“双碳”

AI 产业变革等诸多新因素将推动产业不断转型升级。”

“那么，未来几年，大家就更需要《数据中心经营之道》的相伴了。”政府 E 刚说完，咨询 A 就连忙接着说。

而两位刚说完，大家就不约而同笑着站起来鼓掌，为本次研讨会画上了圆满的句号……